百刻夜

天然
健康

面膜大全

感受
美膚「膜」力

愛美是女人的天性，擁有光滑細緻的肌膚是護膚的終極目標。可為什麼昂貴的護膚保養品換了一種又一種，膚色卻依然暗沉、粗糙，惱人的痘痘還在，到了下午臉上仍舊會油光滿面呢？

每個人的體質和膚質不同，護膚的效果取決於是否用對了配方。在本書中，美膚專家會教你利用天然面膜輕鬆應對各種肌膚問題。

不用花大筆的金錢，也沒有繁瑣的步驟，卻能得到比使用昂貴的名牌保養品還要好的效果，這便是自製美膚面膜的誘人之處。充分利用大自然的恩惠，使皮膚吸收天然精華，摒棄一大堆含有化學成分的護膚保養品，在各種水果和源於植物的精油中尋求美白護膚的滋養成分和各種元素吧，如此健康的美膚法是最符合現代人生活方式的選擇。

書中收錄了上百種利用天然蔬果、芳香精油做成的面膜，每款面膜都有其詳細材料、做法、功效、使用方法的介紹，讓你的所有「面子」問題都能輕鬆解決，打造出晶瑩剔透的美麗肌膚！

Author's Preface

目錄 / Contents

Author's Preface :
感受美膚「膜」力

Part | 1　　　　　　　　　天然面膜
讓你的肌膚永遠 18 歲

純天然健康護理，認識自製手工面膜 12

敷面膜前的基礎護理 24

美肌「膜」力，關於天然面膜的兩三事 36

Part | 2　　　　　　　清潔去角質面膜
瞬間綻放水潤光采

肌膚潤透，離不開澈底清潔 48

清潔去角質面膜常用材料大公開 49

清潔去角質面膜注意事項 50

清潔去角質面膜　Exfoliating Facial Mask 51

椰汁蜂蜜面膜 51

綠豆粉去角質面膜 52

綠豆蛋白面膜 53

香蕉蜂蜜面膜 53

柚子燕麥面膜 54

蜜桃燕麥去角質面膜 55

燕麥果奶去角質面膜 55

綠茶燕麥面膜 56

綠茶粉蛋黃面膜 57

洋甘菊舒緩去角質面膜 57

番茄菊花面膜 58

天然木瓜抗敏面膜 59

精鹽優酪乳面膜 60

紅豆優酪乳去角質面膜 61

覆盆子牛奶面膜 61

黃瓜蘆薈去角質面膜 62

Part | 3　　　　　補水保濕面膜
敷出咕溜水嫩彈性肌

補水保濕，護理肌膚的基礎保養 64

補水保濕面膜常用材料大公開 65

補水保濕面膜注意事項 66

補水保濕面膜　Moisturizing Mask 67

橄欖油蜂蜜面膜 ....67　　番茄杏仁面膜 77

香蕉牛奶燕麥蜂蜜面膜 .....68　　番茄蜂蜜面膜 77

優酪乳蜂蜜面膜 ....69　　銀耳面膜 78

豆腐牛奶保濕面膜 ....69　　紅酒珍珠粉面膜 79

紅蘿蔔白芨面膜 ....70　　紅糖綠茶寒天面膜 80

紅蘿蔔優酪乳面膜 ....71　　紅糖蜂蜜保濕面膜 81

絲瓜面膜 ....71　　桃子葡萄面膜 81

黃瓜蛋白補水面膜 ....72　　橙花潤膚面膜 82

黃瓜蛋黃面膜 ....73　　玫瑰藍莓潤膚面膜 83

蘋果蛋黃面膜 ....73　　玫瑰橙花茉莉保濕面膜 84

杏仁蛋白面膜 ....74　　奶酪薰衣草保濕面膜 84

花生面膜 ....75　　洋甘菊玫瑰補水面膜 85

糯米面膜 ....75　　洋甘菊抗敏感面膜 86

西瓜蛋白面膜 76

Part | 4　　　　　控油除痘面膜
清爽美肌零負擔

控油除痘，清爽無瑕美肌.. 88

控油除痘面膜常用材料大公開.. 89

控油除痘面膜注意事項.. 90

控油除痘面膜　Acne Mask... 91

番茄蛋白燕麥面膜............91　　馬鈴薯金銀花除痘面膜...101

奇異果麵粉抗痘面膜........92　　馬鈴薯橄欖油面膜.........102

香蕉奶酪除痘面膜............92　　鳳梨金銀花除痘面膜......102

玫瑰黃瓜面膜...................93　　益母草黃瓜面膜.............103

綠茶蘆薈面膜...................94　　蒜蜜面膜........................104

蘆薈蜂蜜面膜...................95　　大蒜麵粉抗痘面膜.........105

綠茶橘皮粉蛋白面膜........95　　燕麥珍珠粉茶葉面膜......105

蛋白米醋抗痘面膜............96　　薏仁冬瓜籽面膜.............106

白醋面膜.........................97　　薏仁百合控油面膜.........106

紫茄皮面膜......................97　　檸檬草佛手柑抗痘面膜...107

香芹優酪乳面膜................98　　甘菊薰衣草除痘面膜......108

小蘇打牛奶面膜...............99　　薰衣草黃豆粉面膜.........109

玉米粉牛奶除痘面膜........99　　椰汁蘆薈綠豆粉面膜......109

馬鈴薯牛奶面膜.............100　　薄荷牛奶清肌面膜........110

Part | 5　美白淡斑面膜
變身現代「白雪姬」

淨透無暇，現代人的美白大作戰 112

美白淡斑面膜常用材料大公開 113

美白淡斑面膜注意事項 114

美白淡斑面膜　Whitening　Mask 115

檸檬燕麥蛋白面膜..........115
紅石榴牛奶面膜 116
石榴面膜 117
冰葡萄面膜..........117
奇異果蜂蜜面膜 118
木瓜優酪乳面膜 119
木瓜檸檬面膜 119
葡萄柚粉面膜 120
梨子檸檬亮白面膜..........121
檸檬優酪乳面膜 121
香蕉橄欖油面膜 122
蕃薯蘋果芳香修復面膜...123
番茄奶粉面膜 123
黃瓜白芷美白面膜..........124
白芷蜂蜜美白面膜..........125
粉蜜美白面膜 125

蘆薈曬後修復面膜..........126
蘆薈保濕美白面膜..........127
蘆薈黃瓜雞蛋面膜..........127
珍珠豆粉面膜 128
珍珠蘆薈面膜 129
豌豆苗牛奶面膜 129
苦瓜面膜 130
花椰菜粥面膜................131
白米薏仁面膜 131
豆腐酵母面膜 132
牛奶酵母美白面膜..........133
優酪乳麥片面膜 133
珍珠粉薰衣草美白面膜...134
珍珠粉修復美白面膜.......135
玫瑰檀香面膜................135
橙花玫瑰燕麥面膜..........136

Part | 6　　　　凍齡緊緻面膜
只要青春不要「皺」

凍齡緊緻，活化修復嬰兒裸肌......138

凍齡緊緻面膜常用材料大公開......139

凍齡緊緻面膜注意事項......140

凍齡緊緻面膜　Anti Aging Mask......141

自製膠原蛋白面膜..........141

咖啡蛋白杏仁緊緻面膜...142

檸檬蛋白緊緻面膜..........143

蛋白蜂蜜面膜..................143

奶酪蛋白緊緻面膜..........144

蜂蜜杏仁面膜..................144

蜂蜜小蘇打緊緻面膜......145

蜂蜜牛奶緊緻面膜......145

蛋黃橄欖油緊緻面膜......146

蕃薯優酪乳緊緻面膜......147

紅豆泥緊緻面膜............147

葡萄木瓜緊緻面膜..........148

維生素 C 黃瓜緊緻面膜..149

黑蜜李橄欖油蜂蜜面膜...149

菠菜珍珠粉面膜............150

玉米綠豆緊緻面膜............151

燕麥緊緻面膜..................152

鯊魚油面膜.....................153

附錄　　　　　　　　局部面膜
打造全方位的完美肌膚

眼膜...154

唇膜...154

鼻膜...155

頸膜...155

Part | 1 天然面膜

讓你的肌膚永遠 18 歲

Natural & Healthy Mask

面膜的神奇修復魔力

梳妝檯上，各種護膚品琳琅滿目：面霜、化妝水、精華液⋯⋯面膜自然也佔有一席之地。在精神疲憊、肌膚暗沉的時候；在肌膚乾枯失水、細紋找上門來的時候；在肌膚油光滿面、痘痘肆虐的時候，面膜常常能及時成為肌膚的最後救星。

為什麼面膜具有如此神奇的魔力呢？

密封　減緩揮發的魔力

面膜的最大特色在於「密封性」，它能覆蓋在整個臉部，和肌膚緊緊貼合，形成牢固的「面具」，使面膜裡的保濕因數、美白成分、抗衰老滋養素等能夠避免揮發，面膜裡的水分也能因此減緩流失；當細胞處在這種濕潤的環境裡時，便能充足吸收面膜的水分和營養。

加溫　促進代謝的魔力

將臉部「密封」起來的面膜，猶如給肌膚蓋上了一層薄被，當臉部肌膚升溫後，微血管擴張，皮膚血液的微循環加快，而臉部肌膚細胞的新陳代謝自然也會跟著加快，使吸收力因此增強。

滲透　快速吸收的魔力

面膜裡的精華滋養成分，是面膜真正發揮效力的根本原因。在密封和加溫的作用之下，這些滋養成分能夠快速地被皮膚所吸收，最大程度地滲透到皮膚內部；而我們在敷面膜時常常需要保持 30 分鐘左右的時間，也正是為了給肌膚吸收營養留有一定的時間，讓肌膚慢慢吸取所需的營養。

手工面膜，親手製作純天然的美膚聖品

隨著面膜的神奇魔力被越來越多的人們所發現，DIY 面膜也成為一種時尚。在自製面膜的過程中，你能學到更多的護膚知識，對自己的肌膚也會有更多的瞭解；閒暇時為自己做一款天然面膜，在護膚的過程中也能獲得快樂和滿足。而與市售面膜相比，自製面膜也有著它獨特的優勢：

1 就地取材，簡單方便

自製面膜最大的特徵就是「就地取材」，種種面膜材料盡在廚房和冰箱，富含各類營養的水果都能信手拈來，沒有令人看得眼花繚亂的廣告詞、沒有讓人看不懂的長串化學術語、沒有讓人心驚肉跳的防腐劑、更沒有令人望而卻步的高昂價格——各類蔬果的價格比名牌保養品低廉得多，即使長期使用，也不必擔心對不起荷包。

自製面膜的優點，正在於它的天然、健康、無過多化學添加物，也因此，在選擇自製面膜的素材時，請盡量挑選較為天然、原始的材料，例如，應該選擇無糖的原味優酪乳、沒有加奶粉與糖的純燕麥粉，或是純天然無人工合成的精油，這樣才能避免對肌膚造成額外的負擔，也才能符合自製健康天然面膜的初衷。

2 根據需求，靈活調配

自製面膜是人性化的面膜。由於材料的選擇、製作的過程、使用的方法全都掌握在自己手中，你也能做一回自己臉蛋的主人，而不會被各大廠商的說明書牽著鼻子走。

要知道，肌膚對外界的反應是複雜的，需要仔細辨別，才能知道自己的肌膚適合哪些面膜成分、又害怕哪些成分，但買回來的市售面膜往往無法貼心地考慮你的需求；而自製的面膜就不同了，你可以充分考慮自身肌膚的需要和喜好，無論你是乾性還是油性膚質，無論你想要哪些面膜功能，無論你厭惡還是喜歡哪種水果，都有足夠多的面膜種類任你選擇。

輕鬆理解自己的膚質

不同膚質有不同的護理方法，弄清楚自己的膚質是選擇不同面膜及美妝品的關鍵。膚質可以分為五種類型：乾性皮膚、中性皮膚、油性皮膚、混合性皮膚和敏感性皮膚。

 Check 認識五種不同膚質

1 乾性皮膚

特徵：面部經常乾燥、暗沉，尤其在中午會有緊繃感或脫皮現象；而毛孔幾乎看不出來，很少有面皰、黑頭或白頭粉刺等情況。

2 中性皮膚

特徵：面部平時感覺很清爽，既不油膩也不暗沉；毛孔細小，皮膚細膩，面皰或粉刺通常是每月出現 1 次，或者更少。

3 油性皮膚

特徵：全臉大部分都容易出現油光，中午尤其明顯，需要經常吸油；全臉的毛孔粗大明顯，而且經常會有面皰、黑頭或白頭粉刺等。

4 混合性皮膚

特徵：清晨或中午，面部 T 字部位內有些油膩，或能看到毛孔；而面皰、黑頭或白頭粉刺經常出現在 T 字部位或下巴處。

5 敏感性皮膚

特徵：角質層很薄，甚至可明顯地看到微血管，對外界的刺激反應非常敏感，肌膚比較容易受到傷害。

1 洗臉測試法

洗臉測試法，是指通過洗臉之後臉部緊繃的感覺所持續的時間長短，來判斷自己皮膚的性質。方法很簡單：洗臉之後不使用任何的護膚保養品，試試面部緊繃感要過多久才會消失。

- 如果是乾性膚質，緊繃感 40 分鐘後才會消失。
- 如果是中性膚質，緊繃感 30 分鐘後會漸漸消失。
- 如果是油性膚質，緊繃感 20 分鐘就會消失。
- 而如果是混合性膚質，前額、T 字部位的緊繃感 20 分鐘後會消失，但雙頰緊繃的感覺有可能持續到 40 分鐘。

2 面紙測試法

晚上睡覺前用中性的洗顏產品進行清潔，不使用任何保養品，直接上床睡覺；第二天清晨起床後，用乾淨的面紙輕輕擦拭面部，然後觀察面紙。

- 如果是乾性膚質，前額、鼻子、雙頰、下巴部位都比較乾燥緊繃、缺乏光澤，而面紙上僅有少許油跡，或者完全沒有油跡。
- 如果是中性膚質，前額、鼻子、雙頰、下巴比較光滑，並不乾燥，而面紙上的油跡不多。
- 如果是油性膚質，前額、鼻子、臉頰、下巴等四個部位會在面紙上留下大面積的油跡。
- 如果是混合性膚質，前額、鼻子、雙頰、下巴中有兩三個部位出油，其他部位比較光滑或有些乾。

不同膚質最適合的手工面膜

　　弄清了自己所屬的膚質，才能開始進行具針對性的護膚保養，膚質不同，所需要的保養方式也不同，適合的面膜自然也會有所差異。

①　乾性皮膚

　　乾性皮膚最大的問題是皮膚乾燥、緊繃，如果皮膚長期缺水，就會脫皮，甚至導致細紋產生。所以護理關鍵在於補充皮膚所缺乏的水分，並對乾燥的肌膚進行滋養，防止或減少脫皮現象。

 注意：

要避免使用蛋白作為材料，因為蛋白去油脂的能力非常強，會刺激乾性肌膚原本就非常薄弱的天然油脂保護膜，導致皮膚更加乾燥。

最佳選擇：

補水保濕面膜、抗老面膜、滋養型面膜

②　中性皮膚

　　中性皮膚既沒有缺水的煩惱，也不會被油光和痘痘困擾；但皮膚的中性平衡狀態是非常脆弱的，如果沒有得到應有的護理，容易因此轉變為其他膚質。所以護理關鍵在於每天做好基本護理，包括清潔、補水、保濕等。

 注意：

面膜的選擇要注重油水平衡，適當給肌膚補充一些養分。

最佳選擇：

保濕面膜、抗老面膜

③ 油性皮膚

油性皮膚最大的問題是油脂分泌旺盛，容易滋生痘痘等，化妝後也很容易脫妝；但它也有優勢，就是對外界刺激的抵抗力比較強，皺紋的出現也比較晚。

所以，油性肌膚在面膜的選擇上不必過於注重滋養，而應做好清潔控油工作，同時注意肌膚水分的充足。若出現痘痘、黑頭粉刺，再進行針對性的面膜護理。

 注意：

自製面膜時要避免使用優酪乳或其他乳製品，否則會加重油性肌膚的負擔。

 最佳選擇：

清潔面膜、補水保濕面膜、控油除痘面膜、美白面膜

④ 混合性皮膚

混合性肌膚的最大問題就是肌膚護理面臨著複雜性，前額、鼻翼、下巴部位油脂分泌旺盛，而臉頰部位則缺油、缺水，容易乾燥甚至脫皮。

 注意：

對不同部位要進行不同護理：油脂旺盛的部位要控油，乾燥的部位要進行補水滋養。

 最佳選擇：

平衡保濕面膜、局部面膜

⑤ 敏感性皮膚

敏感性肌膚的最大問題是對環境或外界的變化敏感，氣溫突變、紫外線強烈、化妝品的刺激等都很容易引起敏感反應。所以使用面膜時要加倍小心，應選擇比較溫和的面膜材料，每次使用前都要測敏。

 注意：

要避免使用具過敏性的蔬果，如芒果、桃子、蘆薈等，以及光敏性的蔬果，如檸檬。

 最佳選擇：

保濕舒緩面膜

不同年齡層最適合的手工面膜

面膜的選擇不僅要考慮到膚質異同,還要考慮年齡差異。雖然大多數面膜都沒有嚴格年齡限制,但肌膚會隨年齡而變化,所用面膜也要進行相應的調整,針對性地選擇面膜,才能發揮面膜的最大效用。

① **15～20 歲** *15 to 20 years old*

這是人體內分泌最為旺盛的時期,油脂分泌比較多,毛孔也比較粗大,還常有青春痘和粉刺煩惱。所以最好以清潔為重點,選擇一些清潔型面膜,同時做好保濕補水等基礎護理。如果皮膚出現痘痘等問題,也需要一些針對性的面膜。

最佳選擇:

> 深層清潔面膜、去角質面膜、控油除痘面膜、補水保濕面膜、去黑頭粉刺面膜

② **20～25 歲** *20 to 25 years old*

此時期的皮膚狀況比較穩定,細膩潤澤、富有彈性,而且肌膚比較有活力,也不需要過多的滋養;但如果沒有做好護理,很容易導致下一階段肌膚快速老化。所以此時選擇面膜的重點在於保濕補水等基礎護理。同時,這時大多數女性內分泌仍然旺盛,對於清潔也不可忽視。

最佳選擇:

> 補水保濕面膜、控油除痘面膜、清潔面膜、去黑頭粉刺面膜、美白面膜

③ **25 ~ 30 歲** *25 to 30 years old*

這是皮膚的轉折期，是皮膚狀況由頂峰開始走入衰老階段的時期。此時皮膚表面會積存一定的壞死細胞，皮膚粗糙老化現象開始出現，還可能出現肌膚暗沉、斑點等煩惱。所以，在保濕補水的前提下，還要進行抗老的護理，同時有針對性地進行美白、淡斑等護理。

 最佳選擇：

　美白淡斑面膜、補水保濕面膜、清潔面膜、抗老面膜、緊緻毛孔面膜

④ **30 ~ 35 歲** *30 to 35 years old*

皮膚的老化程度進一步加深，膚色開始變得暗沉，皺紋和色斑的問題也進一步加重。此時除了基礎護理之外，還要進行針對性的抗衰老護理，並選擇適合自己膚質的美白面膜，對於斑點、皺紋等問題，都要選擇針對性的面膜進行保養。

 最佳選擇：

　補水保濕面膜、美白淡斑面膜、抗老除皺面膜、深層滋養面膜

⑤ **35 歲之後** *After 35 years of age*

皮膚分泌的水分和油脂明顯減少，皮膚老化更加明顯，需要保養品來補充營養。所使用的面膜最好富含維生素 A、維生素 C、維生素 E，可用果酸面膜來保濕和去除死皮。另外，針對皮膚鬆弛的抗老面膜也不可忽略。

 最佳選擇：

　補水保濕面膜、去角質面膜、美白面膜、抗老除皺面膜、深層滋養面膜

自製面膜的四季法則

對肌膚進行保養，自然也不能忘了氣候的因素，在雨水潮濕的雨季和寒冷乾燥的冬季，肌膚所需要的護理截然不同。不妨根據季節的變化，進行自製面膜的四季護理。

Check!
春季適用面膜：保濕補水面膜、美白面膜、清潔去角質面膜

春季的氣候特徵是冷暖變化較快，皮膚容易受到氣溫變化的刺激，加上花粉、粉塵等外界因素影響，在此時比較容易出現皮膚過敏，所以在肌膚護理上要注意清潔，同時避免使用一些刺激性較大的面膜素材。在許多風大的地區，皮膚容易乾燥，所以面膜中保濕材料不能少，最好每週能敷上 1～2 次保濕面膜。

此外，雖然春季的陽光並不強烈，但日照時間正在慢慢增長，所以，敷面膜時也要考慮到防曬。

Check!
夏季適用面膜：美白面膜、防曬修復面膜、控油除痘面膜、保濕補水面膜

夏季紫外線是肌膚大敵，要將防曬作為最大重點，一方面在出門回家後及時進行曬後修復，一方面做一些美白面膜。當然，控油除痘也是夏季主題，高溫會導致油脂分泌更加旺盛，毛孔堵塞後會導致痘痘來襲，所以清潔、控油除痘面膜絕不可缺。

此外，保濕補水也不能忘，尤其在日曬強烈、空氣乾燥的日子裡，尤其要注意多做保濕面膜，或者在美白面膜中加入一些保濕材料。

秋季
Autumn

Check!
秋季適用面膜：保濕補水面膜、美白面膜、抗老緊緻面膜

　　秋季最大的氣候特徵就是乾燥，要將保濕補水作為重點，並適度增加素材的使用劑量。如果皮膚由於乾燥缺水而出現了小小的細紋，更需要及時進行抗老緊緻面膜護理。如果覺得臉部膚色比較暗沉，不妨試試去角質面膜，改善肌膚新陳代謝。

　　此外，秋季可能還留有夏季曬黑的痕跡，或者出現肌膚斑點，進行美白淡斑也很重要。

冬季
Winter

Check!
秋季適用面膜：保濕補水面膜、抗老面膜

　　冬季氣溫較低，而且氣候乾燥，肌膚仍然會存在與秋季同樣的缺水問題，所以保濕補水面膜佔據著重要的地位。同時，乾燥環境也會帶來細紋和皺紋，需要隨時進行抗老面膜的護理。

　　需要注意的是，冬季敷面膜常常會有溫度上的困擾，如果面膜過於冰冷，難免會在敷臉時感到不適；所以自製面膜最好避免那些過於涼爽的面膜材料，比如薄荷、酒精等，以免使肌膚受到刺激。此外，還可以對面膜進行加熱，尤其是乳狀的面膜，可以放在手心溫熱一會，然後再塗抹到臉部。

理解肌膚生理時鐘，把握敷面膜的黃金時刻

敷面膜也需要考慮「時間」的問題嗎？當然要！人體各部位的運行都有各自的生理時鐘，在不同的時間波段裡，身體的狀態各不相同，我們的肌膚也是如此；只有掌握了肌膚的生理時鐘，理解其在不同時段的變化，才能把握住敷面膜的最佳時間。

① 23:00~05:00

這段時間是人體細胞生長和修復最旺盛的時期，肌膚對護膚保養品的吸收力非常強，是進行面膜護理的黃金時間。

洗完臉後，最好先熱敷以打開毛孔，然再後敷上保濕面膜，這將對肌膚產生非常顯著的補水保濕效果；敷完面膜後也別忘了要塗上保濕乳液鎖水。

不過由於 23：00 後的時間比較晚，為了不影響睡眠，也可將敷面膜的時間稍稍提前。

② 05:00~08:00

這個時段的細胞再生活動會降到最低點，淋巴循環趨於緩慢，這也是很多人發現起床後眼睛浮腫的原因。由於此時的皮膚狀態不適合進行一般性的面膜護理，但是許多女性仍需要改善黑眼圈或是臉色欠佳的問題，因此，建議不妨做一些局部性的保養，例如可以敷眼膜以強化眼部的循環能力。

③ 08:00~12:00

此時的肌膚機能處於巔峰，人的精神狀態也比較好。

由於這個時段的肌膚細胞組織抵抗力較強，皮脂腺的分泌很活躍，承受力也比較好；所以，建議可以敷一些去角質面膜、淡斑面膜、除痘面膜等，肌膚將比較不容易出現過敏的現象。

④ 12:00~16:00

　　人們通常在這個時間波段中，精神會顯得較為疲憊，血壓和荷爾蒙降低，肌膚狀況也開始走下坡。

　　很多人都有這樣的經驗：原本上午的時候皮膚還很光滑、滋潤，可是一到了下午，皮膚就開始出油、或呈現乾燥的症狀，甚至還可能出現一些小細紋；所以，此時建議使用一些保濕補水面膜以及緊緻面膜，也可適量加入一點精華液。

⑤ 16:00~20:00

　　隨著入夜，血液中含氧量逐漸提高，肌膚對營養的吸收力也慢慢增強。

　　由於人們在外奔波了一天，肌膚容易受到各種外在因素影響與傷害，如紫外線、日曬、強風、或過於乾燥的空氣等，所以回到家後，應該進行一些緊急性的保養，例如曬後修復面膜的護理；此外，由於這時肌膚的吸收力逐步提升，因此也可以敷一些滋養型的面膜。

⑥ 20:00~23:00

　　在段時間裡，肌膚微血管的抵抗力最弱，不是適合敷面膜的時間；但由於敷面膜的黃金時段在 23：00 之後，如果要等到那個時候才敷面膜，則很容易影響睡眠的品質和生活的規律，因此，大多數的人仍會選擇在這個時段敷面膜。

　　所以，為了防止皮膚過敏，敷面膜前要先做好過敏測試；另外，敷面膜時最好保持靜臥，這樣才能使稍後的睡眠依舊能夠保持良好的品質，因為肌膚只有在真正放鬆和熟睡時才能完成正常的修復。

敷面膜前的基礎護理

深層清潔──保養從清潔開始

完美的肌膚要從清潔開始，清潔是保養肌膚的根本。

如果不好好卸妝及清潔毛孔，老廢的角質細胞會堆積在肌膚表面、阻塞毛孔，不但令皮膚不能順暢呼吸，暗沉、痘痘等問題也會接踵而至。同時，如果沒有做好深層清潔，即使是再好的保養品，也會因為不能順暢地深入肌膚，因而無法發揮原本該有的功效。

1 把手洗乾淨

因為不乾淨的雙手所搓揉出的泡沫，對洗臉沒有益處，反而有害。用洗手液或者肥皂洗手，充分搓洗 30 秒後，再用流動的清水把手洗淨。

2 沖洗掉臉部表層的灰塵、汙垢

有化妝的人，請先用卸妝產品清除臉部妝容。

接著，使用清水洗淨附著於臉上的灰塵、汙垢。此時請記得使用「溫水」洗臉，因為這將有助於打開臉部毛孔、促進血液循環，讓之後的清潔步驟更有效。

洗臉時的水溫相當重要，冷水是不適宜的，因為會使毛孔緊縮，不利於後續的清潔動作；但也千萬不能使用過熱的水，錯誤的以為這樣才能澈底洗淨汙垢、油脂，事實上，用過熱的水洗臉，會洗掉臉部的油脂保護層，造成水分的流失。

3 洗臉、按摩

　　請先將一粒紅豆大小的洗顏產品在手中搓出泡沫，然後才將泡沫塗抹於臉上，仔細輕柔的按摩臉部。清潔產品切忌直接塗抹於臉部，因為真正發揮清潔作用的是泡沫，直接將產品塗在臉部，不但清潔效果不佳，還會有殘留於毛孔中而致痘的可能。

　　清潔按摩時，有些人或許會因為 T 字部位容易出油、長痘痘，所以就用力搓揉，但這樣是不對的！要知道，過度的用力，會讓肌膚為了抵抗外來侵略而長出厚厚的角質層，由嬌嫩變得厚實；另外，洗臉時要由裡而外、由下而上的畫圓按摩 15 圈，雙手力度適中，用手指指腹按摩或輕拍。之後用清水洗淨臉部，務求清潔產品不殘留以免傷害皮膚或致痘；最後，用冷水撩潑約 20 下，幫助毛孔收縮、促進血液循環，然後再用毛巾輕拍，吸乾水分（切勿使用毛巾用力擦臉）。

　　洗臉的過程中，依然應當使用溫水；而針對不同的皮膚類型，可選擇不同的洗顏產品，好的產品不但能清除皮膚深層的汙垢，還同時具有滋潤作用，可以令肌膚保濕、消除皺紋、保持皮膚光滑柔嫩不緊繃。

④ 深層清潔

以上，為一般的洗臉步驟。不過針對膚質的不同，在深層清潔方面則會有不同的處理方式。

一般而言，油性肌膚的人，可以選用去角質潔膚產品來做為每日一般性的清潔保養；乾性和中性膚質的人，則建議在平日的清潔中，不要刻意使用去角質潔膚產品以免過度刺激皮膚，而應以每週不超過 3 次的頻率，在一般性的清潔後，並在用冷水撩潑以收縮毛細孔前，另做額外的深層清潔護理。

深層的清潔，除可選用適合自己的去角質潔膚產品外，也可試著使用食鹽：將一匙食鹽倒在手心，加點溫水把食鹽充分溶解成濃濃的食鹽溶液後，再將食鹽溶液抹於臉部（眼部除外）輕輕畫圈按摩，30 秒後，用清水沖洗乾淨。使用食鹽溶液做深層清潔，可使臉部更加乾淨清爽，皮膚也會變得細膩有光澤。

⑤ 保溼

深層清潔後，用毛巾吸乾臉上的水分，然後以拍打的方式上化妝水與乳液，幫助臉部肌膚鎖水保溼，避免出油；拍打時，全臉均勻拍打約 100 下，可促進肌膚血液循環，保持肌膚光滑有彈性。

當然，如果稍後要敷面膜，則省去此一步驟。

關於洗臉，你一定要知道的是……

敷面膜前，清潔的功夫絕對不能少，而關於洗臉，有一些注意事項是必須牢記在心的。

一天洗幾次臉最合適？

每天正常的洗臉次數最好為 3 次，除早晚之外，中間應增加一次。

除此之外，長時間在戶外活動時也應該適當增加洗臉的次數；當然，另外也要考慮到自己的膚質、年齡和季節等因素：乾性、敏感性膚質和年齡較長者，應適當減少洗臉次數，並在使用具有去角質功效的潔面產品時更要慎重，切忌頻繁的使用。

幾度的水溫最適合？

水溫介於 20℃到 38℃度間的溫水，最適宜一般性的清潔。

水溫過冷（20℃以下），會對肌膚產生收斂作用，可鍛鍊肌膚，使人精神振奮；但長期使用過冷的水，會引起肌膚血管收縮，讓肌膚變得蒼白，皮脂腺、汗腺分泌減少，彈性喪失，出現早衰的症狀。

水溫過熱（38℃以上），會對肌膚有鎮痛和擴張微血管的作用；但經常使用熱水，會使得肌膚脫脂，血管壁活力減弱，導致肌膚毛孔擴張，肌膚容易變得鬆弛無力，出現皺紋。

卸妝是必要的！

在進行任何的保養工作前，澈底的卸妝是必要的！如果你在白天化了妝，或者有上過隔離霜、防曬乳等產品，晚上就必須要記得卸妝，以免造成肌膚的負擔；此外，如果是油性肌膚、或是經常處於汙濁的空氣中，有時也有卸妝的必要。

值得注意的是，如果你只是使用了一般較清爽的防曬乳，基本上就還不需要用到卸妝油（否則可能容易致痘），只要用一些清潔效果較好的洗顏產品即可；如果怕卸不乾淨，可以洗兩次臉，或使用比較清爽的卸妝乳、卸妝凝露等產品來取代。但如果使用的是防水型的防曬乳，就可以選用卸妝油或是其他卸妝產品來卸妝，這樣才能清潔得澈底。

而如果習慣使用粉底液、隔離霜，或者其他含有粉類成分的防曬產品，因為其中多半含有較多的粉體以達到抗汗的效果，所以配方上會使用高附著力的成分。所以也必須卸妝。

肌膚敏感時如何做好清潔工作？

對於敏感膚質的人來說，任何微小的刺激都可能引起皮膚的不適。如果皮膚表面的髒汙沒有及時清除，這些髒汙就會被氧化，成為刺激皮膚的源頭，所以敏感性膚質的人更要做好清潔的工作。

肌膚敏感的人，應該避免使用鹼性過高，或清潔力過強的產品；由於健康皮膚的 pH 值約在 5～6，呈弱酸性，所以建議選擇弱酸性的清潔產品為宜。

另外，也不要選擇泡沫豐富的清潔產品，因為這類產品通常都會對敏感的皮膚產生較大的刺激。

早晚大不同！

在早晨與晚上這兩個不同的時段中，洗臉的方法也不相同。

一般來說，要準備至少兩種以上的潔面產品，一種性質比較溫和，適合在早晨使用，可以呵護早晨脆弱的肌膚；而另一種的清潔力則要比較強，必須能夠深層清潔肌膚，適合在皮膚勞累了一整天，覆蓋了灰塵、油脂和妝容的晚上使用。

不同膚質的「零負擔」卸妝法

如果你平時喜歡化妝，在肌膚疲憊了一天後，就更應該用面膜給予它最溫柔的呵護與滋養；但在此之前，進行澈底完美的卸妝也是十分重要的。

對於不同膚質的肌膚來說，卸妝所使用的產品和方法也是不同的。

乾性皮膚的卸妝法

乾燥、老化是乾性皮膚常見的症狀，因此卸妝時，最好選用含膠原蛋白的洗面乳，以及使用維生素含量較高的植物性油脂製成的潔膚霜。因為植物性油脂類產品或者含膠原蛋白的產品，可以使乾燥的皮膚在清潔卸妝後，能在皮膚表面形成一層滋潤性的保護膜，這層保護膜有助於鎖住水分，防止水分過早流失。之後，再使用化妝水強化，就能夠使皮膚變得柔軟、滋潤、有光澤。

乾性皮膚在清潔卸妝的過程中，要特別注意手部的動作，應向斜上方畫圈，並儘量在做每一個動作時都加上一點拉提的手法，目的是讓肌膚變得緊緻而有彈性。

不注意動作的人要小心了，如果是向下畫圈，會使已經老化的肌膚變得更加鬆弛喔！

油性皮膚的卸妝法

出油、缺水是油性皮膚的最大特點，而且多數情況下缺水又是最嚴重的一項。這類皮膚大多有毛孔被油脂堵塞的現象，因此又會因油脂的阻礙而影響皮膚對水分的吸收。

所以，油性皮膚應該選用那些親水性比較好、富含保濕因子且不含油脂的洗顏產品來溫和而澈底地清潔皮膚。這樣在清潔後，就不會使皮膚流失過多的水分；接著可使用化妝水來調節皮膚的油水平衡，並選擇保濕滋潤型的晚霜補強。

而對於某些油性肌膚的人來說，他們的臉部特別容易出現油光、經常冒痘

痛，這時就應該選用含有消炎、殺菌成分的潔膚產品，幫助皮膚澈底擺脫汙垢；清潔後，可使用收斂水緊緻肌膚，調理因汙垢及油脂堆積而形成的毛孔粗大問題，避免毛孔進一步變大。

敏感性皮膚的卸妝法

敏感性皮膚在使用洗顏卸妝產品時一定要謹慎，選擇質地溫和、具有輕微消炎殺菌作用、穩定性高的產品是最適合的，絕不能使用含有酒精、香料、色素等刺激性物質的產品，以免引起肌膚的過敏反應。

眼部及唇部的卸妝法

① 卸眼影：用化妝棉蘸取眼唇專用卸妝液，在眼皮上先輕敷片刻讓彩妝溶解，然後輕輕往外擦，拭去眼皮上的眼影。如此重複數次，直至眼影完全卸乾淨為止。

② 卸眼線：卸眼線最好用的工具就是棉花棒。用棉花棒蘸取眼唇專用卸妝液，在畫眼線的部位由內往外輕擦，可以輕鬆卸掉眼線，不會讓卸妝液進入眼中對眼睛造成刺激。

③ 卸睫毛膏：先把化妝棉蘸取眼唇專用卸妝液，再將化妝棉折成 L 型，包住睫毛 2～3 秒後，由內向外輕輕拭去睫毛膏；接著，再用一片乾淨的化妝棉墊在上睫毛和下眼皮之間，再用棉花棒蘸取卸妝液，一根一根將睫毛膏卸乾淨。如果睫毛膏卸不乾淨，不僅容易對睫毛造成傷害，而且那些殘餘的成分也可能進入到眼睛裡，從而造成眼睛的過敏，甚至還會造成眼部感染。

④ 卸唇妝：用化妝棉蘸取適量眼唇專用卸妝液，先敷在嘴唇上，停留數秒後再擦。

最後請記得，不論使用哪一款卸妝產品，卸妝之後，一定要再清潔過臉部，並使用大量清水沖洗乾淨，避免化學成分殘留在臉上。

選擇適當的清潔產品

　　洗臉是敷面膜前最重要的準備工作，而這個過程中所需要的工具當然也不能馬虎，無論是洗顏海綿，還是各類清潔產品，都必須根據具體情況來進行選擇。

如何使用洗顏海綿？

　　洗顏海綿可用於清洗臉部 T 字部位和感覺油分比較多的部位。用手指將起泡後的洗顏產品在臉部抹開，然後用水沖洗乾淨，最後用柔軟型的海綿把臉上的水輕輕拍乾。記住是拍乾，儘量不要做擦的動作，因為肌膚表面是十分脆弱的。

　　用完海綿後，用溫和的洗顏產品把它清洗乾淨，放在通風的地方晾乾就可以了。

如何挑選優質洗顏產品？

　　適合自己膚質的產品就是好產品。貴或者名牌並不代表一定適合你，每個人的肌膚狀況不同，對洗顏產品的要求當然也會有所不同，但最基本的要求是：以一個擁有健康肌膚的人來說，好的洗顏產品，必須具有合理的洗淨力，並且在長期使用下也不會傷害到肌膚。

乾性膚質：由於乾性膚質的人角質層水分不足，所以可以選擇洗面乳或潔顏露。

油性膚質：可以選擇一些清潔能力較強的潔膚霜、潔膚皂、或潔膚凝膠。不過油性肌膚的人也不應為了洗去臉上的油膩感而選用清潔力太強的產品，因為這些產品去脂力強，雖然能輕鬆將肌膚表面的油脂去除，但同時也會洗去一些對肌膚具有保護作用的皮脂；長期下來，反而會破壞了膚質。因此，應使用溫和、中度的洗顏產品，並且適當增加洗臉次數即可。

另外，要特別注意的是，對油性膚質的人來説，決定潔面產品本身品質好壞與否的成份，主要取決於「清潔」本身，而不是那些號稱具有保濕、美白等作用的添加物。

中性膚質：在洗顏產品的選擇上比較沒有什麼禁忌，可以根據自身實際需要，選擇如美白、保濕、抗氧化等具有特定功效的產品；但洗臉次數仍不可過於頻繁，以免破壞肌膚的油水平衡。

混合性膚質：夏季時可選用清潔力較強的洗面乳；到了秋冬兩季時，除要考慮到清潔效果外，還需額外考慮到「滋潤性」的問題。另外，也可以根據部位的不同，選用不同的潔膚產品。

敏感性膚質：最好選用一些無添加、無香料、無防腐劑的洗面乳，否則可能會因此讓肌膚變得更加脆弱敏感。

洗面乳需要經常更換嗎？

不同膚質的皮膚 pH 值也是不同的，由於肌膚對每種清潔產品都需要經歷一個適應的過程，所以如果目前使用起來的感覺良好，那就應該避免經常性地更換。這是因為同一品牌的產品常會使用具有同一基礎的油脂、乳化劑、增稠劑、固化劑、表面活性劑等，因此，它的酸鹼值具有一定相似性；易言之，如果頻繁地更換潔膚產品，將導致肌膚可能會對不同的酸鹼度產生不適感，從而出現短暫的刺痛、脱皮或缺水現象。

不過，仍是不妨每隔一段時間就做一些新的嘗試，或許能夠找到更適合的產品。總之，一切還是取決於自己肌膚的適應力而定。

正確去角質，「面膜力」UP! UP!

　　雖說面膜中也有專門用來去角質的產品，但如果能做好事前準備，在洗臉潔面的階段就做好去角質的工作，那麼之後在敷面膜時，就能大大增強面膜的功效。

為什麼要去角質？

　　「去角質」就是去除皮膚粗糙角質以及老死細胞的過程。去角質可以促進皮膚的血液循環，加快新陳代謝，使細胞再生更加順暢，讓皮膚變得清透柔美、細嫩光滑；同時，去角質還能去除皮膚表面覆蓋的黑色素，改善膚色，使皮膚變得白皙有光澤。

　　另外，若是使用含自然植物成分的脫角質乳，更可溶解肌膚表皮層的老化細胞，其溫和摩擦作用可以去除表皮的老化角質及聚結的黑色素，改善膚色，使毛孔更加細緻。

選擇適合的去角質方式

　　首先，必須要知道的基礎知識是：**去角質絕對不能過度！**

　　角質層對肌膚具有防護的作用，過度去除，將會損壞肌膚的保護膜，使肌膚出現乾燥、發紅、出斑、過敏等現象。

 適合每週去角質的人

　　油性、混合性肌膚的人，由於每週都要定期做去角質的護理，因此適合輕柔去角質的方式，按摩力度小、時間短，大約按摩 1 分鐘即可用水清洗掉。

　　這類型的產品，如含輕微去角質成分的洗面乳、爽膚水。另外，使用綠豆粉洗臉也有去角質的效果，這種作法相對於專業去角質產品要溫和許多，因此可以每天用綠豆粉輕輕地在肌膚上按摩一下再沖掉。

適合每月才去一次角質的人

　　有些人習慣每個月固定做一次去角質護理，所以推薦全面地、按摩力度稍大的方式，時間也相應增長。

　　這種方式建議使用專門的去角質產品，去角質能力強，力度也大。

哪些肌膚不適合去角質

　　一般說來，角質層薄且伴有血絲的肌膚是不應該去角質的；有粉刺的肌膚在去角質的時候也應該特別注意，如果粉刺有發膿或發炎現象，就一定不能做。

選擇適合的去角質產品

　　一般而言，去角質產品分為磨砂型、精華型、洗顏型以及面膜型四種，面膜型正是運用密封、加溫、滲透的原理，軟化並吸附角質，進而達到深層去角質的效果，這在〈Part2 清潔去角質面膜，瞬間綻放水潤光采〉的部分會有更進一步介紹，在此不多贅述。

磨砂型 常見的產品是磨砂膏，其內含細微顆粒，在與肌膚磨擦時除去老化角質；但使用這種方式，按摩力度要輕，也不適合較敏感的肌膚，僅適合角質過厚的肌膚。

適合肌膚：混合性肌膚、油性肌膚。

使用方法：取拇指大小，均勻塗在臉上。雙手以由內向外畫小圈的方式輕揉按摩臉部，鼻周改為由外向內畫圈，持續 5 ～ 10 分鐘，按摩時輕重要適度，以免造成皮膚損傷。

磨砂型的去角質產品不宜天天使用，約每 2 週 1 次。混合性肌膚可以在皮膚較油或者較粗糙的部位局部使用，持續時間不宜過長；乾性及敏感性肌膚**慎用**；如果皮膚有正在紅腫發炎的痘痘則不能使用。

精華型 常見的產品是化粧水、乳液等，依產品的不同，藉由酵素、酸類、維生素 C 等各種不同的特殊精華成分，在不知不覺中溶解掉老化角質，並使精華成分隨之滲透到肌膚裡補充細胞營養。除適合角質層較薄的肌膚類型外，也適合作為一般日常的保養。

適用肌膚：乾性肌膚、混合性肌膚和油性肌膚。

使用方法：每晚清潔之後，在保養晚霜之前使用，用手指輕輕按摩直至全部吸收。

洗顏型 通過一些強力的洗顏產品，例如加入酵素、酸類、或是改良後的圓珠磨砂顆粒等，在洗臉的同時，也可以達到去除老廢角質的功效；但是這類產品的去角質能力，一般較弱，同時，依照產品性質的不同，有些也不建議每天使用。

適合肌膚：敏感性肌膚。其實一般來說，敏感性肌膚不建議進行去角質，因為這類肌膚的肌膚層相對其他膚質來說比較薄，所以較少會出現角質層過厚的情況。

使用方法：取紅豆大小於手心，加一點水，搓出泡沫後，雙手以由內向外畫小圈的方式輕柔按摩臉部，鼻周改成由外向內畫小圈，按摩 5 分鐘後，以清水沖洗乾淨即可。

美肌「膜」力
關於天然面膜的兩三事……

DIY 常用工具

工欲善其事、必先利其器，要製作真正有效的面膜，前期準備工作馬虎不得，不僅要學習面膜的注意事項，更要準備好自製面膜所需的一切工具，才能在隨後的製作過程中不至於手忙腳亂、顧此失彼。

常用工具 12 種　*Common tools*

① 量匙　*Measuring spoon*

自製面膜時常常說到的「1 杓」或「1 匙」，就需要這樣的計量工具，用來取用正確劑量的材料。一般來說，1 匙（小匙、茶匙）等於 5 毫升左右。

② 量杯　*Measuring cup*

主要用來計量那些劑量較大的材料，可以準確地計量材料的比例。如果沒有，也可以使用家中的量米杯。

③ 玻璃器皿　*Glassware*

如玻璃小碗、小罐等，可以多多準備，用來盛放面膜原料、調製好的面膜水等，材質以玻璃為佳。

④ 攪拌棒　*Stirring rod*

用來將面膜材料及其加工物攪拌均勻。如果沒有，可以用筷子或湯匙代替。

⑤ 刀具　*Tool*

自製面膜的材料大多是蔬菜、水果等天然材料，刀具可以用來對材料進行切割，是必不可缺的工具。

⑥ 果汁機　*Juicer*

用來對蔬菜、水果進行攪碎、榨汁等處理。如今市面上許多果汁機兼具榨汁、加熱等多種功能，使用十分方便。

7　手動榨汁機　*Manual Juicer*

對於檸檬、柳橙、葡萄柚等水果，無法使用一般的果汁機進行攪碎榨汁，但可以使用手動榨汁機，對這些水果進行榨汁。如果沒有，也可以用手擠出。

8　微波爐　*Microwave*

有些面膜材料在製作時需要加熱，微波爐方便快捷，可以迅速進行加熱。

9　濾網　*Filler*

很多面膜在製作時只取材料的汁液，這就需要用濾網將原料的殘渣過濾掉。如果沒有，也可以用乾淨的紗布代替。

10　面膜紙　*Paper mask*

有些面膜材料的水分較多而且較稀，不易黏附在臉部，將面膜紙浸滿材料的汁液，然後敷到臉上，才能確實而充分地吸收到材料中的精華。

11　面膜刷　*Mask Brush*

面膜刷既可以用來把面膜均勻地塗抹在臉上，也可以兼作攪拌棒使用。

12　保鮮膜　*Plastic Wrap*

敷完面膜後，有時也可以在上面多敷一層保鮮膜，可以促進肌膚表面溫度升高，提升面膜的效果。

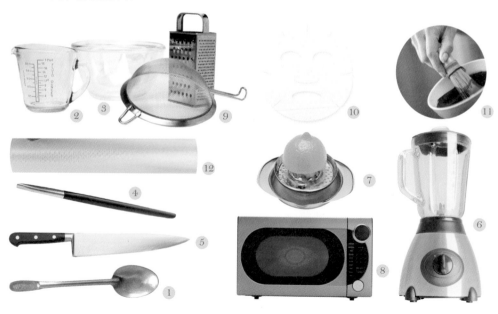

正確選擇「面膜紙」的三大守則

面膜紙是自製面膜中不可缺少的角色，一般分為壓縮型與非壓縮型。壓縮面膜約是 5 元或 10 元硬幣大小，方便攜帶；而非壓縮型則一般裝於盒內，使用前不用特別泡開，也很方便。不過無論是哪一種，挑選時都應該遵循以下三個標準：

Standard 1　尺寸適宜

首先，面膜紙的整體大小應該適當，既不能過大，也不能過小，而應以能夠完全蓋住臉部為佳，其剪裁應符合大多數人的臉型為宜。

其次，在細節處的尺寸、剪裁也要符合人體臉部的需求。紙面膜會留出眼睛和嘴巴的位置，這樣是為了在敷面膜時能避開這些皮膚比較嬌弱的地方；因此在挑選時，應該留意面膜紙所留的空位是否符合你眼睛與嘴巴的位置，同時也要注意紙張是否能貼合你的臉部曲線。

Standard 2　厚度足夠

很多女性青睞輕薄的面膜紙，認為它敷上去更加輕鬆舒適，但事實上，面膜紙一定要達到足夠的厚度，才能保證面膜液或化妝水的營養精華能被面膜紙所完整吸收；此外，如果厚度不夠，面膜紙敷上臉部後，浸滿的液體很容易流淌下來，造成浪費。

所以，最好選擇比較厚、吸水性較足的面膜紙，讓精華液或營養成分能被面膜紙牢牢「抓住」。

Standard 3　質地細膩

面膜紙與臉部肌膚「親密接觸」，質地當然必須要柔軟細膩，這樣才能緊密地與臉部相貼合，讓精華成分被臉部肌膚充分吸收；其次，面膜紙敷上臉後的觸感必須是舒適的，如果臉部肌膚感覺到粗糙，長期使用則可能會傷害到面部肌膚。

「水」，不是純淨就好

　　水是自製面膜時很重要的角色，無論是蔬果，還是麵粉、蜂蜜、植物油等其他材料，都需要水的幫忙。所以，「水」的選擇非常重要。

1 礦泉水／純水／自來水

　　在自製面膜其使用「水」的選擇上，一般建議使用礦泉水。

　　礦泉水對材料中養分的吸收力較強，能讓養分更均勻地分布在水中；至於其他二者，由於自來水可能存在細菌問題，而純水的吸收力比不上礦泉水，因此都不如礦泉水來得適合。

2 軟水／硬水

　　如果沒有現成的礦泉水，那麼只能用自來水代替。但水有軟水和硬水之分，自來水也有軟硬度的問題。

　　自來水通常來自河水，屬於中等硬度，其中所含的金屬元素較多，很容易與材料中的養分發生作用，形成一些不溶於水的物質，造成難以去除的汙垢。所以，如果身邊能取得的自來水過硬，不妨在乾淨的容器中將水煮開，使其軟化，待放置 1 小時以上，等其降到所需的溫度後就可以使用了。

③ 冷水／熱水／溫水

　　調配手工面膜，該使用冷水、熱水還是溫水好呢？

　　一般來說，大多數面膜都建議使用溫水。因為有些面膜材料中的營養成分，在冷水中可能無法發揮功效；而如果使用過熱的水，有些材料中的有機物成分又可能被分解，影響肌膚對面膜養分的吸收。所以，一般建議使用溫水。

　　但是，在某些特殊情況下則會有特殊考慮。比如曬後修復面膜，一般不建議使用溫度過高的水，即使是溫水也可能會對肌膚再度造成刺激，所以此時就會建議使用冷水或涼水。

「粉」，增加黏附性的好幫手

　　自製面膜的材料中，另一個少不了的素材就是「粉」狀物。由於粉狀物具有極佳的黏附性，加入粉狀物後的面膜，能非常服貼地停留在臉部肌膚上，所以是自製面膜常需借助的好幫手。無論是家中常見的麵粉，還是專用的珍珠粉，都是自製面膜中好用的素材。

如今自製面膜經常都會用到麵粉。麵粉調水後敷臉，具有很好的收斂性，能夠收縮毛孔，讓肌膚光滑細膩，還有清潔作用。

挑選麵粉時應注意：

① 看包裝：查看是否有相關認證，並確認生產日期、保存期限等。
② 看色澤：色澤是乳白色或呈現麥子本身的微黃，若是灰白色甚至青灰色則不建議購買。
③ 聞味道：氣味應該是清香的，沒有酸、臭、黴等異味。
④ 捏手感：好的麵粉捏起來手感很細緻，整體非常均勻，用力捏完後也很容易散開，不會結成塊。
⑤ 小包裝：買小包裝的麵粉才可以保證麵粉的新鮮。

珍珠粉也是自製面膜中的常見素材，更是美白的好幫手，具有美白、控油、除痘等多種功能。

不過目前市面上的珍珠粉真假、優劣難辨，在購買時一定要注意以下幾點：

① 看質地：好的珍珠粉色澤潔白均勻，不含雜質。
② 摸手感：捏取少許珍珠粉，如果細膩光滑，容易吸附在肌膚上，則代表品質不錯。
③ 聞氣味：好的珍珠粉聞起來有淡淡的腥味，但沒有其他異味。

加倍吸收！敷面膜前的輔助「按摩操」

你在醫美診所或美容會館進行肌膚護理時，在敷面膜前，通常都還會有個按摩的步驟——這正是專業面膜護理與普通面膜保養的不同——如果在敷面膜之前，能夠對臉部肌膚進行適當的按摩，便能使臉部經絡通暢、改善血液循環、促進新陳代謝、增加肌膚彈性，更能讓肌膚對之後面膜營養成分的吸收效力加倍提昇。

敷面膜前的輔助按摩操

① 塗抹按摩霜：首先在需要按摩的各個部位塗抹適量的按摩霜。

② 按摩額頭：首先伸出兩手的食指，從眉間向上進行推揉；然後再順著額頭，用螺旋狀的方式向太陽穴按摩；最後在太陽穴的位置停下，用適宜的力度按壓 3 秒。

③ 按摩眼周：從內眼角向眼尾方向，上下輪流輕柔按摩，最後在內眼角、眉骨下方及眼尾三個位置各按壓 3 秒。

④ 按摩唇角：保持微笑的表情，讓唇部紋路展開。然後從人中部位開始，沿著唇部向四周進行按摩。

⑤ 按摩臉頰：兩手放在下巴上，從下巴向兩耳下方的位置推壓，然後順著臉部的輪廓，用螺旋狀的手法輕輕按摩；然後輕輕拉動耳垂 3 秒，再以螺旋狀的手法向太陽穴部位慢慢推揉。

⑥ 按摩下頜：手指沿著臉部輪廓輕輕拍打，讓下頜肌膚保持彈性。

⑦ 擦去按摩霜：將按摩霜仔細擦去，用溫熱的毛巾輕輕敷在臉部，讓肌膚充分休息放鬆。

⑧ 鎮靜肌膚：雙手互相搓揉至微溫，然後將雙手的手掌覆蓋在整個臉頰上，維持 10 秒鐘。

⑨ 拍打按摩：最後，對臉部進行輕輕地拍打，增加肌膚的彈性，並進一步增強活血化淤、通經開穴的作用，讓肌膚的細胞活動更加活躍，以利於接下來敷面膜時對營養成分的吸收。

正確的面膜護理五步曲

　　做好萬全的準備後，面膜的護理就要正式開始了。不過先別急著將面膜往臉上抹！面膜護理雖然不難，但其中仍是包含著五個步驟，疏忽了其中的任何一個，都可能會影響到面膜的功效。

① 清潔肌膚

　　先將雙手洗淨，卸去手部和臉部的多餘物品，如戒指、手錶、隱形眼鏡等；接著使用潔面產品，對皮膚進行澈底清潔；然後用熱毛巾熱敷臉部 2 ～ 3 分鐘。

② 敷上面膜

　　將調配好的自製面膜，按順序塗抹在臉上。如果是使用面膜紙敷臉，則是將浸好營養液的面膜紙敷在臉上。

③ 完全放鬆

　　平躺著放鬆休息，不要說話或做其他事，最好閉上眼睛，讓臉部肌肉完全放鬆舒展。敷臉時間一般是 10 ～ 30 分鐘，不同面膜所需時間不同，但大多不超過 30 分鐘。

④ 洗淨按摩

　　及時洗去臉上的面膜。注意不要使用粗糙的毛巾，而應該使用雙手輕柔地一邊按摩臉部，一邊將面膜洗去。另外，絕對不要讓面膜殘留在臉上，否則可能會造成汙染。

⑤ 滋養護理

　　洗淨臉部後，應及時搭配保濕型的化妝水、乳液、或滋潤霜進行鎖水，輕柔地按摩眼周和唇周，輕拍臉頰和額頭，幫助肌膚提高吸收效果。

如何敷好面膜？小動作，大學問

在面膜護理的全套步驟中，最複雜的要數敷面膜的動作了。如何才能把調配好的面膜服服貼貼地塗抹在臉上，讓它發揮最大的效用？一般來説，分為兩種情況。

塗抹型 有些自製面膜在進行製作後，可以將加工好的成品直接塗抹在臉部。

這類面膜的塗抹步驟是：

① 將調製好的面膜擠在手心，或者用面膜刷挑起。

② 首先塗抹頸部、下頜、兩頰，小心避開痘痘或發炎的部位。

③ 然後塗抹細處，順序為鼻、唇、額頭，注意這些部位油脂較多，應稍微塗厚，以蓋住毛孔為準。避開眼睛和唇部。

④ 仔細對鏡檢查，如果有塗抹不均匀處，再進行補塗。

面膜紙型 有些面膜在進行製作後，需要用面膜汁液浸透面膜紙，然後敷在臉上。

這類面膜的使用步驟是：

① 將面膜紙放入面膜汁液中，完全浸滿。

② 將面膜紙拿起，將其敷在臉上。

③ 按照面膜紙的剪裁稍微調整，力求面膜與肌膚緊密貼合。

④ 然後用手指輕拍，將氣泡和空氣擠壓出去。

自製面膜常犯的錯誤 ‼

 NG1 一次做很多面膜，存起來慢慢用

自製天然面膜由於不含防腐劑，非常容易變質，所以最好在製作時控制用量，一次用完；但由於人們往往無法準確估計一次自製面膜的用量，可能會剩下少許，這時不妨用剩下的面膜汁液塗抹脖子、手臂、雙腿等部位，也可以滋養這些部位的肌膚。

 NG2 把剩下的面膜裝起來，當做一般市售保養品保存

如果不小心做了過多的面膜，在使用後還剩下很多，千萬不要像對待市售面膜那樣存放在浴室，否則浴室中潮濕的空氣很容易讓面膜迅速變質。

可以用乾淨的瓶罐存放，並蓋緊蓋子，然後放入冰箱中，小心避開冰箱裡有較重味道的食物。此外，存放在冰箱中的面膜也要儘快用完，不能久放。

 NG3 塗抹時以為塗得越厚越好

塗抹面膜的厚度應以肌膚需求為準，並非塗得越厚越好，一般只要保證臉部所需部位塗滿即可。如果塗抹得過厚過多，超過肌膚所需營養量，肌膚也不可能再吸收更多的營養。

 NG4 塗的過薄，擔心面膜會從臉上流下來

因害怕浪費而將面膜塗得很薄，則陷入了另一極端。如果塗抹厚度不夠，就無法讓肌膚得到充分滋養，只有厚度足夠，蓋住整個臉部，才能形成密封性養護，進而促進血液循環、讓毛孔擴張、幫助營養吸收，也才能保證面膜的功效。

 NG5 敷完面膜後不再使用其他保養品

敷臉後是否還需要使用其他保養品，取決於面膜本身的性質。某些市售免洗面膜，敷完後的確不必再使用其他保養品；但敷自製的天然面膜時，由於大多都需要在敷完後清洗，因此必須進行之後的基礎保養，才能為肌膚鎖水，防止水分的流失。

自製面膜常見問題 Q&A

Q1 天然面膜聽起來很安全，還需要做過敏性測試嗎？

做任何一款新的面膜之前，都必須先進行過敏性測試，以保證面膜的安全性。有些人認為天然面膜可能比較安全，但實際上，過敏的原因非常複雜，任何成分都可能對肌膚造成刺激，所以，在製作一款新的手工面膜時，一定還是要先做好過敏性測試。

Q2 自製面膜完成後，應該怎麼給肌膚做過敏性測試呢？

過敏性測試的部位，一般選在耳後和手肘的內側。

而其中，手肘內側的肌膚易於觀察，方便仔細觀察面膜塗上後肌膚的變化情況；至於耳後肌膚則較為敏感，而且因為靠近面頰，如果面膜刺激性過大，則易於在第一時間發現。將調製好的面膜塗抹少許於這兩處，停留 12 小時，如果出現了發紅、搔癢或者氣味刺鼻等現象，就要停止使用。

Q3 敷面膜時總覺得臉上有點刺痛，為什麼？

天然原料仍然可能對肌膚造成刺激。如果敷面膜時偶爾感到刺痛，刺痛感片刻後就消失，說明肌膚對刺激的接受度尚可，不必過於擔心；但如果刺痛感明顯而且持久，就應立即停止敷面膜，將臉上的面膜洗乾淨，然後再使用具有舒緩功能的爽膚水，讓肌膚得到休息。

Q4 自製面膜的效果真棒，如果每天敷，效果是否會更好？

自製面膜效果雖然好，但未必能夠天天敷，這取決於面膜本身的種類。一些刺激性較小的面膜，尤其是保濕型面膜，由於性質溫和，可以每天使用；但去角質面膜、去黑頭粉刺面膜等，對肌膚的刺激性較大，不建議每天使用。此外，滋養精華較多的面膜，如果每天使用，肌膚無法完全吸收，也會對肌膚產生不利影響。

Part | 2 清潔去角質面膜
瞬間綻放水潤光采

Natural & Healthy Mask

肌膚潤透
離不開澈底清潔

現代社會環境惡化，走出戶外，不時會遇上風沙、灰塵、紫外線的侵擾；坐在室內工作或學習，也常常由於輻射的緣故，臉部容易被灰塵所茲擾。而由於肌膚本身新陳代謝的規律，也會不斷產生油脂與老化的角質層，需要我們進行澈底的清潔，還臉蛋一個光采的新氣象。

清潔去角質面膜兩大效用

清潔去角質面膜，顧名思義，是用來對肌膚進行清潔的面膜。它對肌膚可以具有兩種作用：

首先是基礎的清潔，一般是通過自製面膜中含有吸附作用的成分，將肌膚毛孔中的汙垢吸附出來，從而讓肌膚變得更加潔淨，防止毛孔的堵塞。

其次是去角質，是更深一層的清潔。借助面膜中的去角質成分，將那些堆積在肌膚表面的老化角質去除，從而促進肌膚細胞的新陳代謝。一般做完去角質面膜之後，能明顯感覺到肌膚變得柔嫩光滑，不再暗沉，變得更有神采。

清潔去角質，塗抹是關鍵

對於清潔去角質面膜來說，塗抹面膜是一個關鍵的步驟。在將作好的自製面膜塗抹到臉部時，一定要保證塗抹厚度，不要為了貪圖方便而只塗薄薄的一層；最好多塗幾遍，讓肌膚完全被覆蓋住，除了眼周、嘴唇等部位外，盡量別讓其他肌膚暴露於外；而鼻翼旁、嘴角旁等容易被忽略的邊角處，也一定要照顧到，不能忘記。只有這樣讓肌膚完全「密封」15分鐘以上，肌膚的溫度才能升高，皮脂才會有足夠的時間被軟化，老化的角質層才能鬆動，從而被面膜吸附出來。

清潔去角質面膜常用材料大公開

蜂蜜
蜂蜜具有良好的清潔功效，能夠有效地去除毛孔中的汙垢，促進皮膚新陳代謝；同時，蜂蜜還有滋潤的功能，對於肌膚有活化和潤澤作用，能有效改善皮膚營養狀況，增強皮膚的活力和抗菌力，減少色素沉澱，防止皮膚乾燥，使肌膚柔軟、潔白、細嫩，是清潔面膜不可缺少的天然材料。

麵粉
麵粉一般指小麥粉，富含蛋白質、碳水化合物、維生素和鈣、鐵、磷、鉀、鎂等礦物質。其黏附性非常好，對於肌膚具有很好的清潔作用，能夠有效去除毛孔中的老廢角質和汙垢，讓毛孔呼吸順暢。

優酪乳
優酪乳又稱優酪乳，是以新鮮的牛奶為原料，經過巴士德消毒法後，再於牛奶中添加有益菌，發酵後冷卻而成的乳製品。優酪乳中的乳酸，有不錯的保濕功效，還有去角質的作用，可讓肌膚快速恢復光澤、嫩滑。選購時，請記得選用無糖的原味優酪乳；另外，油性肌膚的人也不建議使用。

燕麥
燕麥又稱為雀麥、野麥，它的顆粒能夠有效地清潔肌膚，去除肌膚中的老廢角質，毛孔中的油脂、髒汙都可以得到清潔。而且燕麥營養豐富，用作面膜還能幫助改善膚色暗沉，讓肌膚變得亮白又紅潤。

鳳梨
鳳梨具有很好的吸附作用，是清潔去角質面膜常用的材料，可以消除肌膚老化的角質，防止毛孔堵塞，是超強的除垢高手。此外，鳳梨的果肉還具有去毒和美白的功效。

清潔去角質面膜注意事項

記得要先熱敷肌膚

　　清潔去角質面膜一般都是通過去除毛孔中的皮脂和汙垢來達到清潔的目的，所以敷面膜之前不妨用蒸汽對肌膚進行薰蒸，使毛孔打開，這樣有利於增強面膜的使用效果，也能有助於肌膚吸收面膜中的養分。如果沒有薰蒸的條件，也可以用熱毛巾先熱敷一下臉。

對痘痘要有差別待遇

　　臉上有痘痘時，使用清潔面膜就要特別對待。如果痘痘沒有出現傷口和發炎現象，就可以使用清潔面膜，因為許多清潔面膜都含有控油成分，對於痘痘肌是有好處的；但如果痘痘出現了發炎腫脹的現象，或者已經出現了明顯傷口，那麼就應該避免使用清潔面膜，或者在使用時避開這些部位，否則可能會造成進一步感染。

去角質面膜不能頻繁使用

　　去角質面膜的效果一般都比較明顯，敷完面膜後立即就能感到肌膚光采明亮、煥然一新，但千萬不要因為這樣就頻繁使用去角質面膜。因為肌膚的角質是一道天然保護膜，對肌膚具有保護作用，能防止水分的流失，並能維持肌膚酸鹼平衡。一般來說，角質層的代謝週期是 28 天，如果頻繁去角質，肌膚失去保護，會變得非常敏感。

清潔面膜不能代替日常的清潔護膚程序

　　清潔面膜以清潔為名，但並不表示它可以代替日常護膚步驟中的清潔程序。所以在敷清潔面膜之前，仍然需要先用洗面乳等潔面產品進行清潔，完成基礎清潔，然後再使用面膜，進行深層的清潔。這是兩個完全不同的護膚步驟，不能互相代替。

清潔去角質面膜
Exfoliating Facial Mask

椰汁蜂蜜面膜 ┃ ★適用：任何膚質

天然材料

椰子汁 3 大匙、蜂蜜 1 大匙。

輕鬆 D.I.Y

將椰子汁和蜂蜜攪拌均勻即可。

使用方法

洗完臉後，用熱毛巾敷臉，將面膜均勻地塗在臉上，15 分鐘後，用清水洗淨即可。每週 1～2 次。

美膚功效

《本草綱目》上說，椰子能使人面色有光澤，而且能治療體癬和皮膚病，是極佳的護膚天然品。椰子汁與蜂蜜相融合，再以熱敷的手段作為輔助，這款面膜具有軟化角質、收斂毛孔的作用。

綠豆粉去角質面膜 | ★適用：任何膚質

天然材料

綠豆粉 2 大匙、水適量。

輕鬆 D.I.Y

① 將綠豆粉放入面膜碗中。

② 將水加入綠豆粉中，攪拌均勻即可。

使用方法

洗完臉後，將調好的面膜均勻地敷在臉上，15～20 分鐘後，用溫水洗淨即可。每週2～3 次。

美膚功效

這款面膜是將綠豆粉和清水搭配，清潔肌膚、軟化角質的效果非常明顯。

美麗
祕訣

綠豆粉具有很好的清熱、排毒的作用，能夠有效預防青春痘的產生，還能深層清潔肌膚，軟化肌膚角質層，去除肌膚的老廢角質。

綠豆蛋白面膜 ★適用：任何膚質

天然材料

綠豆粉 2 大匙、雞蛋 1 個。

輕鬆 D.I.Y

① 敲開雞蛋，取蛋白備用。

② 將蛋白和綠豆粉攪勻即可。

使用方法

洗完臉後，用熱毛巾敷臉，將面膜均勻地塗在臉上，20 分鐘後，用清水洗淨即可。每週 1～2 次。

美膚功效

蛋白含黏蛋白，能使肌膚迅速緊繃起來，撫平皺紋，令肌膚充滿彈性。綠豆中的維生素 E 能抑制脂質過氧化反應，保持膠原組織不斷裂，令肌膚富有彈性。在這款面膜中可再加上 1/2 匙綠茶粉，效果也非常好。

香蕉蜂蜜面膜 ★適用：乾性、混合性及敏感性膚質

天然材料

香蕉 1 根，牛奶 2 匙，蜂蜜 1 匙。

輕鬆 D.I.Y

① 香蕉剝皮，切塊，搗成泥狀。

② 加入牛奶和蜂蜜，均勻攪拌成糊狀即可。

使用方法

洗完臉後，用熱毛巾敷臉，再將面膜均勻地敷在臉上，20 分鐘後，用溫水洗淨即可。每週 2～3 次。

美膚功效

香蕉質黏，很方便拿來敷臉。其含有的果酸與豐富的維生素，不僅具有良好的滋養功效，而且容易滲入皮膚。這款面膜中含有多種營養成分，能有效滋養肌膚，既能清潔肌膚，又能為肌膚補水，還可有效防止肌膚產生皺紋，令肌膚潤澤光滑，彈性十足。

柚子燕麥面膜 ★適用：除敏感性膚質外的任何膚質

天然材料

柚子 1/4 個、燕麥粉 20 克。

輕鬆 D.I.Y

① 將柚子洗淨，去籽，掰成塊，放入果汁機中
　　榨汁，用無菌紗布濾去雜質。

② 將柚子汁加入燕麥粉中，充分攪拌均勻即可。
　　每週 1～2 次。

使用方法

洗完臉後，將面膜均勻地塗抹在臉上，用手輕輕
按摩，約 10 分鐘後用溫水洗淨即可。

美膚功效

柚子肉中富含類胰島素、維生素 C 以及有機酸等
成分，有降血糖、降血脂、減肥、抗菌、抗氧化
等功效。而燕麥也有去死皮、抗氧化作用。這款
面膜具有抗氧化、去死皮和清潔的功效。

美麗
祕訣

柚子的味道清香、酸甜、
涼潤，營養豐富，是非常
受歡迎的水果，更是美白
嫩膚的好搭檔；只是皮膚
敏感的女孩們在使用前一
定要做測試，因為柚子中
含有的酸性物質可能會讓
敏感肌不適。

蜜桃燕麥去角質面膜 ★適用：中性、油性膚質

> 天然材料

蜜桃 1 個、蜂蜜 1 小匙、燕麥 2 小匙。

> 輕鬆 D.I.Y

① 蜜桃洗淨，去核，去皮，切塊。

② 將蜜桃塊放入鍋中，煮至軟熟，取出，壓成泥狀。

③ 將蜂蜜、燕麥一同加入蜜桃泥中，充分攪拌均勻。

> 使用方法

洗完臉後，將面膜均勻地塗在臉上，避開眼周、唇部肌膚，15 分鐘後，用溫水澈底洗淨即可。

> 美膚功效

這款面膜用蜜桃搭配燕麥、蜂蜜，能夠澈底清除毛孔中的汙垢及毒素。

燕麥果奶去角質面膜 ★適用：油性膚質

> 天然材料

乳酪 1 小片、蜂蜜 2 大匙、燕麥片 3 大匙、蘋果 1/2 個、雞蛋 1 個、水適量。

> 輕鬆 D.I.Y

① 將燕麥片放入沸水中拌勻，用大火煮至糊狀。

② 蘋果洗淨，去皮、核，切成小塊，倒入果汁機中，榨汁。

③ 敲開雞蛋取蛋白，與蘋果汁、乳酪、蜂蜜加入燕麥糊中調勻即可。

> 使用方法

洗完臉後，將面膜均勻地塗在臉上，避開眼周、唇部肌膚，10 ～ 15 分鐘後，用清水洗淨即可。每週 1 ～ 2 次。

> 美膚功效

這款面膜能有效去除角質，清除黑色素，消除肌膚深層汙垢與毒素。

綠茶燕麥面膜 | ★適用：油性膚質

天然材料

新鮮綠茶 100 克（乾燥茶葉 50 克）、
燕麥片 20 克、溫水適量。

輕鬆 D.I.Y

① 選用新鮮綠茶，曬乾，研成粉末，
做成茶渣。

② 將茶渣、溫水裝入一個可以密封的
容器中，密封好後用力搖晃 1 分鐘，
然後倒入碗中。

③ 在茶水中加入燕麥片調成糊狀即可。

使用方法

洗完臉後，將面膜均勻地敷在臉上，15
分鐘後用溫水洗淨。每週 2 ～ 3 次。

美膚功效

燕麥可以去死皮，令皮膚變得細膩。
同時，燕麥還有較多的維生素 E，具
有較好的抗氧化作用。茶渣可以吸收
臉上的油脂。此面膜不僅有抗氧化作
用，而且可以持久保持臉部清爽。

美麗
祕訣

燕麥有降血脂的作用，可以改善血液循
環，緩解壓力；燕麥含有的豐富礦物質，
能幫助皮膚吸收營養。

綠茶粉蛋黃面膜 | ★適用：乾性膚質

天然材料

綠茶粉 10 克、麵粉 1 大匙、雞蛋 1 個。

輕鬆 D.I.Y

① 敲開雞蛋，取蛋黃，再將麵粉和蛋黃攪拌均勻。

② 加入綠茶粉攪勻即可。

使用方法

洗完臉後，用熱毛巾敷臉，將面膜均勻地塗在臉上，20 分鐘後，用清水洗淨即可。每週 1～2 次。

美膚功效

這款面膜含有綠茶素，有抗菌消炎的功效，是安撫肌膚的極佳成分，其中還含有大量維生素 C，可以為肌膚去角質，使肌膚美白柔嫩。

洋甘菊舒緩去角質面膜 | ★適用：任何膚質

天然材料

燕麥片 50 克、洋甘菊精油 1 大匙、水 25 毫升、甘油 1 小匙。

輕鬆 D.I.Y

將全部材料一起放入面膜碗中，調成糊狀。

使用方法

洗完臉後，將面膜均勻地敷在臉上，約 15 分鐘後用清水洗淨，可以一邊洗一邊輕輕按摩。每週 1～2 次。

美膚功效

洋甘菊精油具有舒緩鎮靜肌膚的作用，而燕麥片可以去除皮膚老化角質層，並且具有抗皮膚老化功能。經常使用本款面膜可令皮膚柔嫩有光澤。

番茄菊花面膜 ｜ ★適用：任何膚質

天然材料

小番茄 3 ～ 5 個、乾菊花 10 朵、全脂奶粉 2 大匙、沸水適量。

輕鬆 D.I.Y

① 將菊花泡在沸水中約 3 分鐘，用無菌濾布將殘渣濾去。

② 將小番茄洗淨，去蒂，搗成泥狀，與奶粉一同放入菊花水中，調勻即可。

使用方法

洗完臉後，將面膜均勻地敷在臉上，避開眼周、唇部肌膚，約 15 分鐘後，用清水澈底洗淨即可。每週 2 ～ 3 次。

美膚功效

這款面膜將小番茄、菊花和全脂奶粉搭配使用，能增強清潔功效，去除老化角質。

美麗祕訣

飽滿多汁的小番茄，對皮膚非常有益，其內富含的豐富維生素、礦物質、抗氧化成分，擁有抗氧化及淨化肌膚的功效。此外，番茄榨汁敷臉還有去死皮的作用。

天然木瓜抗敏面膜 ★適用：油性膚質

天然材料

木瓜 20 克、蜂蜜 15 克、純牛奶 50 毫升、薰衣草精油 2 滴。

輕鬆 D.I.Y

① 把木瓜洗淨，去皮，去籽，切成小塊，放於果汁機中，攪打成泥狀，放入面膜碗裡備用。

② 將蜂蜜、純牛奶、薰衣草精油一同倒入面膜碗中，將其充分攪拌均勻即可。

使用方法

洗完臉後，熱敷 3 分鐘，取面膜均勻塗抹在臉上，15 分鐘後洗淨並進行護理。每週 2～3 次。

美膚功效

木瓜可促進細胞新陳代謝，令肌膚美白明亮。

美麗祕訣

木瓜富含營養素，維生素 C、胡蘿蔔素可以抑制人體氧化，維生素 B 群則可使肌膚回復活力；但切忌使用不成熟的瓜果，或是未經上述調製就直接將果肉敷於臉上，否則，其內含有的酵素容易刺激肌膚，造成過敏。

精鹽優酪乳面膜 ｜★適用：敏感性膚質慎用

天然材料

精鹽 2 大匙、優酪乳 1 大匙。

輕鬆 D.I.Y

① 取出精鹽，放入面膜碗中。

② 加上優酪乳，調勻即可。

使用方法

洗完臉後，用熱毛巾敷臉，將面膜均勻地敷在臉上，20 分鐘後，用清水洗淨即可。每週 1 ～ 2 次。

美膚功效

精鹽的顆粒均勻細緻，而且遇水後容易溶化，塗在皮膚上加以按摩的話，可有效去除臉上汙垢和老化角質，同時有效維持皮膚滋潤不緊繃。與同樣能去死皮的優酪乳一起做成面膜，還具有殺菌消毒的作用，洗臉之後會覺得乾爽潔淨無比。

美麗
祕訣

如果你背上有小紅痘，用食鹽加優酪乳應該能有所緩解，兩種東西調勻敷在痘痘上，10 分鐘後，輕揉即可把死皮去掉。

紅豆優酪乳去角質面膜

★適用：敏感性膚質**慎用**

天然材料

純優酪乳 2 小匙、紅豆粉 10 克。

輕鬆 D.I.Y

紅豆粉與純優酪乳充分攪拌勻至容易敷臉即可。

使用方法

洗完臉後，用熱毛巾敷臉，將面膜均勻地塗在臉上，20 分鐘後，用清水洗淨即可。每週 2～3 次。

美膚功效

這款面膜中紅豆粉的細微顆粒可以充分滲入細毛孔清除髒汙，還能按摩肌膚，使膚色白裡透紅，優酪乳也會使臉色更加明亮潤澤。

覆盆子牛奶面膜 | ★適用：任何膚質

天然材料

覆盆子 60 克、牛奶 100 毫升。

輕鬆 D.I.Y

① 將覆盆子搗碎，用濾網將果汁過濾至碗中，保留果肉和種籽。

② 將果肉和種籽加入牛奶中，攪拌均勻即可。

使用方法

洗完臉後，用熱毛巾敷臉，將面膜均勻地塗在臉上，避開眼周和唇部的肌膚，20 分鐘後，用清水洗淨即可。每週 1～2 次。

美膚功效

這款面膜中的覆盆子有去角質的功效，再配以牛奶則增添了使肌膚更加亮澤的功能。

黃瓜蘆薈去角質面膜 ★適用：任何膚質

天然材料

黃瓜 1/2 根、蘆薈 1 片。

輕鬆 D.I.Y

① 黃瓜洗淨，去皮；蘆薈洗淨，去皮，二者一同放入果汁機中，榨汁。

② 用無菌濾布濾取汁液。

③ 將黃瓜汁、蘆薈汁一同放入容器中，充分攪拌均勻即可。

使用方法

溫水洗完臉後，將面膜均勻地塗在臉上，避開眼周、唇部肌膚，約 15 ～ 20 分鐘後，用溫水清洗乾淨即可。每週 1 ～ 3 次。

美膚功效

這款面膜將蘆薈與黃瓜搭配，可以同時為肌膚補充維生素 C、胺基酸和黏多醣體，使肌膚更加嫩滑。

美麗祕訣

蘆薈含有皂素苷、多種胺基酸和礦物質，具有良好的抗菌、清潔、保濕功效，是消炎、美白肌膚的美容聖品。需注意的是，有傷口或痘痘的肌膚不宜使用；而有些人對蘆薈皮有過敏反應，在製作本款面膜時，最好先將蘆薈去皮，以免引起不適。

Part | 3 補水保濕面膜
敷出咕溜水嫩彈性肌

補水保濕
護理肌膚的基礎保養

　　保濕面膜的功能，主要是為肌膚補充水分並保持肌膚的潤澤，是肌膚最基礎的護理；因此，不論是哪一種膚質，保溼面膜都是最安全也是最根本的首選。

　　在市售面膜中，保濕面膜是最常見的一種；而在自製面膜時，保濕面膜也是材料最為廣泛的面膜。

保濕面膜，效果最快最顯著

　　經常使用面膜的女性都會發現，保濕面膜的效果通常是最為明顯的。原本乾燥、甚至有細紋的皮膚，在敷完保溼面膜後，立刻就會變得水水嫩嫩——這都是因為肌膚在面膜的呵護下，已經「喝飽水」的關係——在面膜的密封性環境之下，面膜中的水分子會慢慢滲透到肌膚中，讓乾燥的肌膚變得潤澤；此外，由於肌膚的含水量變高，膚色也會顯得更加白皙細嫩、富有光澤。

針對不同膚質選擇合適的保濕面膜

乾性膚質：這是最需要進行保濕護理的膚質，尤其在夏季日曬後水分嚴重流失，需要定期的以保濕面膜做好保養。另外，除了一般保濕的調理外，最好還要選用一些含有滋潤成分的面膜素材，並在敷完面膜後千萬要記得補上乳液、滋潤霜鎖水。

油性膚質：首先要完成激底清潔，然後才能進行保濕；而在自製面膜的過程中，還可以添加一些控油的素材。至於敷完面膜後所使用的鎖水乳液或乳霜，千萬記得不要上得太過厚重，選擇的產品也盡量以清爽為宜。

混合性膚質：要特別注重臉部的乾燥部位，敷保濕面膜時尤其要著重臉頰；選擇的自製面膜材料應該盡量清爽，避免對肌膚造成負擔。

敏感性膚質：在進行保濕面膜的護理時，要避免酒精成分；如果你的肌膚對許多蔬果都會產生過敏現象，那不妨嘗試最為簡單的清水面膜（即用礦泉水搭配面膜紙敷臉）。

補水保濕面膜常用材料大公開

番茄　番茄含有豐富的維生素 C 和胡蘿蔔素，能有效滋潤肌膚，改善肌膚乾燥現象；經常使用，能使肌膚紅潤、柔嫩、細緻而光滑。

香蕉　香蕉含有豐富的鉀和維生素 A、維生素 C，用來作面膜能夠發揮極好的滋潤作用，尤其對於受到冷風、灰塵影響而變得乾燥無光澤的肌膚，香蕉能為其補充水分，防止皺紋的生成。

黃瓜　黃瓜具有滋養、補水、鎮靜的作用，能安撫曬後的肌膚，是絕佳的保濕材料；但需要注意的是，由於黃瓜感光性較強，使用後要避免日曬。

絲瓜　絲瓜水含有植物黏液、維生素及礦物質等，可維持角質層正常含水量，減緩脫水，延長水合作用 *，補充肌膚必要的水分並保持肌膚水嫩、細緻。

* 水合作用：即物質與水結合的一種過程。由於人體細胞的外層是具有「半透性」的細胞膜，對於通過的物質具有選擇透過性，因此，大部分的營養物質都必須與水結合後才能進入細胞，使人體吸收。簡言之，細胞的水合作用除了能增進營養的吸收外，也會帶動體內合成、代謝的機能，對修復 DNA、減緩老化、增強抵抗力都有助益。

牛奶　牛奶含有豐富的乳脂肪、多種維生素與礦物質，能很好地保濕和滋潤肌膚，還具有緊實肌膚的作用。

不過，要特別提醒一點：油性肌膚的人請盡量避免使用乳類製品的自製面膜！尤其在臉部已有痘痘困擾或是發炎的情況下更要**禁用**，否則可能會加重肌膚負擔，造成粉刺或是痘痘的滋生。

橄欖油　橄欖油是用初熟或成熟的橄欖鮮果通過物理冷壓榨工藝提取的天然果油汁，富含不飽和脂肪酸以及各種維生素，極易被皮膚吸收。好的橄欖油清爽自然，絕無油膩感，具有滋潤鎖水的功效，是很好的潤膚素材。

補水保濕面膜注意事項

把握最佳的使用時機

　　保濕補水面膜有兩個最佳的使用時段：第一，是在下午 15：00 ～ 16：00，此時人們的精神比較疲憊，新陳代謝緩慢，肌膚狀態也會變得晦黯乾燥、缺乏水分，還可能會出現小細紋，對於水分的需求非常大，正是使用保濕面膜的好時機；第二，則是在晚上，此時正是肌膚吸收營養的黃金時段。

敷面膜前保持臉部濕潤

　　不要因為敷的是保濕面膜，就放心地將一張乾燥的臉蛋交給面膜調理；事實上，在洗完臉後，不要等到皮膚乾了才開始敷面膜，而應該是在肌膚還保持濕潤時就立刻將面膜敷上，這樣才能保證肌膚能最大地吸收面膜中的水分和養分。

　　此外，如果能在洗臉後使用一些化妝水補強，面膜的效果會更好。

與酒精保持距離

　　在自製保濕面膜時，不要使用酒精或含有酒精的材料；在使用保濕面膜前，也不要使用含有酒精成分的化妝水。因為酒精不但對於肌膚的刺激非常大，還會快速揮發，帶走肌膚中的水分。

在乾燥前及時取下面膜

　　敷面膜的時間不宜過久，而且一定要在乾燥前及時取下，尤其補水保濕面膜更應如此；否則，不但可能無法達到期望中的保濕作用，還會適得其反，使肌膚的水分反被面膜吸走，造成臉部乾澀。

　　另外，當面膜在臉上乾掉時，對於那些已經乾結於臉上的面膜，千萬不要用手去摳，而要用水緩緩將面膜軟化後再用水清洗乾淨。

補水保濕面膜
Moisturizing Mask

橄欖油蜂蜜面膜 | ★適用：中性、乾性及混合性膚質

天然材料

橄欖油 2 滴、蜂蜜 1 大匙、麵粉適量。

輕鬆 D.I.Y

① 將橄欖油和蜂蜜調勻。

② 在調勻的材料中加入麵粉，攪拌均勻即可。

使用方法

洗完臉後，用熱毛巾敷臉，然後將面膜均勻地塗在臉上，20 分鐘後用溫水洗淨即可。每週 2～3 次。

美膚功效

橄欖油具有滋潤肌膚的功用，加上同樣具有較強潤澤性的蜂蜜，很容易被肌膚所吸收，具有滋養保濕功效，能改善皮膚乾燥、粗糙、無光澤等問題。

香蕉牛奶燕麥蜂蜜面膜 ★適用：乾性、混合性及敏感性膚質

天然材料

香蕉 1 根、鮮奶 150 毫升、燕麥片 40 克、葡萄乾 20 克、蜂蜜適量。

輕鬆 D.I.Y

1. 將香蕉去皮，切成小塊，和鮮奶、燕麥片、葡萄乾等材料一同放入鍋內，以小火煮熟。
2. 將上述煮好的材料，盛入容器中，壓爛，加入蜂蜜調勻，調成糊狀即可。

使用方法

洗完臉後，將此面膜敷在臉上，25 分鐘後用清水洗去。每週 1～2 次。

美膚功效

香蕉能滋潤皮膚，鮮奶有收緊肌膚的功效。這款面膜不僅能給肌膚補充營養、滋潤皮膚，還可以防止肌膚老化。

美麗祕訣

香蕉所含的豐富蛋白質，在人體內會分解為胺基酸，具有安撫神經的效果；睡前半小時吃一根香蕉，可以發揮一定的安眠作用。睡眠好，皮膚自然也會好。

優酪乳蜂蜜面膜 ★適用：乾性、混合性及敏感性膚質

天然材料

優酪乳 2 大匙、蜂蜜 1 大匙、麵粉適量。

輕鬆 D.I.Y

① 將優酪乳倒入碗中，加入蜂蜜，用湯匙攪拌均勻。

② 加入麵粉，用湯匙拌勻成糊狀即可。

使用方法

洗完臉後，將面膜均勻地塗在臉上，敷上面膜紙，15 ～ 20 分鐘後用溫水洗淨。每週 3 ～ 5 次。

美膚功效

這款面膜含有豐富的維生素，可阻止人體內不飽和脂肪酸的氧化和分解，防止皮膚老化和乾燥，滋潤肌膚，兼具嫩白功效。

豆腐牛奶保濕面膜 ★適用：任何膚質

天然材料

南豆腐 *1/4 塊、牛奶適量、麵粉 1 大匙。

輕鬆 D.I.Y

① 豆腐沖洗乾淨，搗成泥狀備用。

② 將麵粉、牛奶、豆腐依次放入碗中攪拌均勻，成黏稠狀即可。

* 南豆腐：即一般的嫩豆腐、軟豆腐。以石膏作為凝固劑，含水量較豐富。

使用方法

洗完臉後，將調好的面膜均勻地敷在臉上，避開眼周、唇部皮膚，約 15 分鐘後，用清水洗淨即可。每週 2 ～ 3 次。

美膚功效

豆腐與牛奶、麵粉搭配使用，能清潔毛孔，去除堵塞毛孔的老化角質，使營養成分與水分能通過毛孔滲入肌膚，令肌膚潤澤、光滑、有彈性。

紅蘿蔔白芨面膜

★適用：中性、乾性膚質

天然材料

紅蘿蔔 1/3 根、橄欖油 10 滴、白芨 15 克。

輕鬆 D.I.Y

① 白芨研磨成細末。

② 紅蘿蔔洗淨後去皮，放入果汁機內打成泥。

③ 將白芨細末、紅蘿蔔泥和橄欖油放入碗中攪拌均勻即可。

使用方法

用溫水洗完臉後，取適量面膜均勻地塗在臉上，約 30 分鐘後用溫水洗淨。每週 1 ～ 2 次。

美膚功效

紅蘿蔔富含的 β- 胡蘿蔔素，是一種很好的抗氧化劑；橄欖油的黏性較強，使面膜有很好的附著力，同時，它也可以抑制皮膚的水分蒸發，對肌膚有保濕作用；至於白芨，則具有消腫生肌的功效。

整體而論，這款面膜能讓肌膚紅潤，同時更具有抗氧化、抗自由基的功能。

美麗祕訣

紅蘿蔔中含有豐富的維生素、葉酸、鈣質及膳食纖維等，可有效滋潤肌膚。而其中的膳食纖維和果膠，能促進胃腸蠕動，對渴望苗條的美人而言，多喝紅蘿蔔汁可以抑制吃甜食或油膩食物的慾望。白芨可以治療冬季手足龜裂，可用白芨粉加水調勻，敷在裂口處即可。白芨還富含澱粉、葡萄糖、揮發油、黏液質等，外用塗抹，可消除痘痘痕跡，讓肌膚光滑無痕。

紅蘿蔔優酪乳面膜 ★適用：乾性、混合性膚質

天然材料

新鮮紅蘿蔔 1 根、優酪乳 1 小匙、蜂蜜 1 小匙。

輕鬆 D.I.Y

① 將紅蘿蔔洗淨，切塊，放入果汁機內打成泥狀。

② 在紅蘿蔔汁中加入蜂蜜和優酪乳，調勻即可。

使用方法

洗完臉後，用熱毛巾敷臉，將面膜均勻地敷在臉上，15 ～ 20 分鐘後，用溫水洗淨。每週 2 ～ 4 次。

美膚功效

這款面膜具有深層補水功效，能去除皺紋，使肌膚有彈性。面膜中含有豐富的胡蘿蔔素，可修復曬後的皮膚組織，同時更有深層補水、減少細紋、去死皮的功效。

絲瓜面膜 ★適用：敏感性膚質、油性膚質

天然材料

新鮮絲瓜 1 條、麵粉 2 大匙。

輕鬆 D.I.Y

① 將絲瓜洗淨，切成小塊，榨汁備用。

② 在絲瓜汁中加入麵粉，攪拌均勻即可。

使用方法

洗完臉後，用熱毛巾敷臉，然後將面膜均勻地塗在臉上，15 ～ 20 分鐘後，用溫水洗淨。每週 2 ～ 3 次。

美膚功效

這款面膜能保濕補水，也有一定的消炎功效，能促進肌膚新陳代謝，柔和吸附老廢角質，清除深層汙垢，抑制黑色素細胞生成，從而具有美白肌膚的功效。

黃瓜蛋白補水面膜 ★適用：任何膚質

天然材料

黃瓜 1/2 根、雞蛋 1 個、白醋 2 滴。

輕鬆 D.I.Y

① 黃瓜洗淨，去皮，放入果汁機中榨汁，去渣，留下汁液備用。

② 敲開雞蛋，取蛋白，將蛋白與黃瓜汁拌勻。

③ 最後滴入白醋，攪拌均勻即可。

使用方法

洗完臉後，將面膜均勻地塗在臉上，避開眼周、唇部肌膚，10 分鐘後用清水洗淨即可。每週 1～2 次。

美膚功效

黃瓜具有極好的補水保濕作用，能夠為乾燥的肌膚補充水分和養分；而蛋白則具有收縮毛孔的作用，兩者結合，能讓肌膚水潤滑嫩。

美麗祕訣

黃瓜的美容功效非常好，如果怕麻煩不想做成面膜，也可以直接將黃瓜洗淨，切成薄片，然後均勻地敷在臉上；閉目養神大約 15 分鐘的時間後，再將黃瓜片拿下，用溫水清洗乾淨。透過這種簡單的方式，同樣也能讓肌膚得到滋潤的效果。

黃瓜蛋黃面膜

★適用： 中性及敏感性膚質

天然材料

新鮮黃瓜 1 根、水煮蛋 1 個。

輕鬆 D.I.Y

① 將黃瓜洗淨，切成小丁，用湯匙搗成泥狀。

② 水煮蛋取蛋黃，放入黃瓜泥中，攪拌均勻即可。

使用方法

洗完臉後，用熱毛巾敷臉，將面膜均勻地敷在臉上，15 分鐘後用溫水洗淨。每週 2～3 次。

美膚功效

鮮嫩多汁的黃瓜是補充水分、對抗皺紋的法寶；而蛋黃有滋潤肌膚的作用，可補充肌膚的各種養分，使肌膚嫩白、細緻而有光澤。

蘋果蛋黃面膜 ★適用： 乾性膚質、敏感性膚質

天然材料

蘋果 1/4 個、雞蛋 1 個、麵粉適量。

輕鬆 D.I.Y

① 將蘋果洗淨，削皮，去核，去籽，搗成泥狀。

② 敲開雞蛋，取蛋黃，和麵粉一同混入蘋果泥中攪拌均勻即可。

使用方法

洗完臉後，用熱毛巾敷臉，將面膜敷於臉上，10～15 分鐘後，用溫水沖洗乾淨即可。每週 2～4 次。

美膚功效

這款面膜的鎖水、保濕、滋潤、排毒功效很強，可以讓肌膚恢復自然光澤。

杏仁蛋白面膜 ★適用：中性、油性及混合性膚質

天然材料

杏仁粉 2 小匙、雞蛋 1 個、水少許。

輕鬆 D.I.Y

① 將杏仁粉加少許清水調勻。

② 雞蛋敲開，取蛋白，加入杏仁糊中攪拌均勻即可。

使用方法

洗完臉後，用熱毛巾敷臉，然後將面膜均勻地塗在臉上，30 分鐘後用溫水洗淨即可。每週 2～3 次。

美膚功效

杏仁自古以來就是護膚聖品，有潤膚、通血等功效；而蛋白則有收斂肌膚的作用。因此，這款面膜具有滋潤肌膚的功效，能令膚色亮白。如能堅持使用一段時間，就會發現肌膚變得細嫩、光滑，富有彈性。

美麗祕訣

杏仁油的主要成分為油酸與亞油酸，並含有維生素 E，不僅營養豐富，還有良好的抗氧化性，抗老效果極佳。此外，杏仁還可以潤肺清火，排毒養顏，是沒有副作用的排毒食品，被譽為「能夠吃的化妝品」。

花生面膜 　★適用：乾性、中性膚質

天然材料

花生醬 20 克、水適量。

輕鬆 D.I.Y

將花生醬放入乾淨的容器中，根據花生醬的乾濕情況適當加水調配到濃稠度適中即可。

使用方法

用溫水洗完臉後，將面膜直接塗抹在臉上，約 25 分鐘後再用清水沖洗乾淨即可。每週 1～2 次。

美膚功效

花生醬中含有豐富的蛋白質、脂肪酸、礦物質、維生素 B 群、維生素 E，其中維生素 E 具有抗氧化作用，脂肪酸具有保濕作用。因此，這款面膜可以讓皮膚滋潤有光澤，並能夠延緩肌膚老化。

糯米面膜 　★適用：任何膚質

天然材料

糯米 50 克。

輕鬆 D.I.Y

將糯米洗淨，放入鍋內，蒸熟，然後放涼。

使用方法

洗完臉後，用熱毛巾敷臉，將飯團在臉上輕輕搓揉，直到米飯把毛孔內的油脂、髒汙都吸收出來為止，再用溫水洗淨。每週 1～2 次。

美膚功效

這款面膜具有去除毛孔內油汙的作用，對青春痘也非常有效；另外，還有不錯的補水作用。

西瓜蛋白面膜 | ★適用：中性、油性及混合性膚質

美麗
祕訣

天然材料

新鮮西瓜 30 克、雞蛋 1 個、麵粉適量。

輕鬆 D.I.Y

① 西瓜洗淨，去皮、籽，切成小塊，搗成泥備用。

② 敲開雞蛋，取蛋白，加入麵粉和西瓜泥，攪勻成糊狀即可。

使用方法

洗完臉後，用熱毛巾敷臉，將面膜均勻地塗在臉上，15～20 分鐘後，用溫水洗淨。每週 2～4 次。

美膚功效

這款面膜含有大量水分和膳食纖維，補水效果極佳，可使皮膚清爽舒適、光滑有彈性，並具有收斂毛孔的作用。

西瓜所含有的維生素 A、維生素 B 群和維生素 C，都是保持肌膚健康與光澤的必要營養素，同時，它們也能讓肌膚變得柔嫩。西瓜汁中幾乎包含了人體所需的各種營養成分，是愛美女性的最佳理想食材，經常食用可幫助代謝體內垃圾。

使用方法

洗完臉後，將面膜均勻地塗在臉上，避開眼周、唇部肌膚，15 分鐘後，用溫水洗淨。每週 1～2 次。

番茄杏仁面膜 ｜★適用：任何膚質

天然材料

番茄 1 個、杏仁粉 3 小匙。

輕鬆 D.I.Y

① 番茄洗淨，去蒂，去皮，搗成泥狀。

② 在番茄泥中加入杏仁粉攪拌均勻即可。

美膚功效

番茄含有豐富的維生素 C，還含有豐富的果酸，能有效去除臉部老廢角質，再配合具有美白滋潤功效的杏仁粉，能讓肌膚時刻保持充足的水分。

每日喝一杯番茄汁或是經常吃番茄，對滋潤皮膚、防止雀斑生成非常有效。

番茄蜂蜜面膜 ｜★適用：中性及敏感性膚質**慎用**

天然材料

番茄 1/2 個、蜂蜜 1 大匙、麵粉 2 大匙。

輕鬆 D.I.Y

① 番茄洗淨，去皮，用果汁機或紗布榨取汁液。

② 加入蜂蜜攪拌均勻。

③ 然後放入麵粉，用湯匙充分攪拌成糊狀即可。

使用方法

洗完臉後，用熱毛巾敷臉，將面膜均勻地敷在臉上，並覆上一層面膜紙，20 分鐘後用溫水洗淨即可。每週 2～3 次。

美膚功效

這款面膜在清潔肌膚的同時，能有效滋潤肌膚，令肌膚細緻滑嫩。

銀耳面膜 ★適用：任何膚質，尤其是敏感性膚質

天然材料

銀耳（即白木耳）80 克、水適量。

輕鬆 D.I.Y

① 銀耳洗淨，放入鍋中，加水，小火煮 2～3 小時。

② 撈出湯中的銀耳，將銀耳液放涼，放入冰箱中冷藏即可。

使用方法

洗完臉後，用熱毛巾敷臉，將銀耳液塗抹在臉上，敷上面膜紙，大約 15 分鐘後，用溫水洗淨即可。每週 1 次。

美膚功效

銀耳做成的面膜，可以對抗皮膚乾燥，讓肌膚變得光澤有彈性；另外，這款面膜還有潤膚美白、淡化色斑的功效，更能撫平皺紋、收斂毛孔。

美麗祕訣

隨著年齡的增長，在皮膚下層的膠質失去彈性後，皮膚就會產生皺紋，失去光澤。銀耳富含天然植物性膠質，具有滋陰、潤膚作用，無論是內服還是外敷，長期使用，都具有改善臉部黃褐斑、雀斑的功效。

紅酒珍珠粉面膜 　★適用：任何膚質

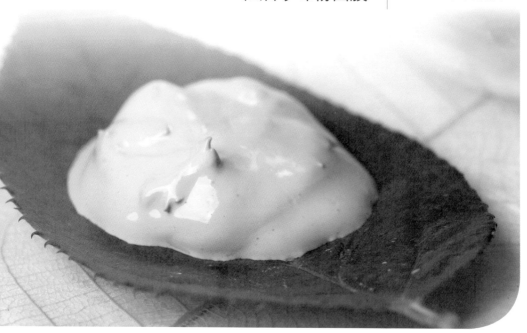

天然材料

紅酒 3 大匙、珍珠粉適量。

輕鬆 D.I.Y

① 將紅酒倒入容器中。

② 加入適量珍珠粉攪拌均勻即可。

使用方法

洗完臉後，用熱毛巾敷臉，然後將面膜均勻地塗在臉上，15～20 分鐘後用溫水洗淨。每週 2～3 次。

美膚功效

珍珠粉有抗輻射的功效，能使肌膚避免日曬的傷害；紅酒中的酒石酸，則能促進皮膚的新陳代謝。將此兩者搭配使用，能讓肌膚白皙嬌嫩，煥發清新光采。

美麗祕訣

洗紅酒浴能有效進行全身護理，讓皮膚變得細嫩光滑。但紅酒浴的水溫要控制好，一般應維持在高於人體體溫 2℃～3℃之間；過高的話，便會破壞紅酒中的營養物質，如維生素、果酸等成分很容易在高溫下流失或變質。

紅糖綠茶寒天面膜 ★適用：中性、乾性膚質

天然材料

紅糖（又稱黑糖）4 小匙、綠茶 200 毫升、寒天（即洋菜，又稱石花菜）1/4 小匙。

輕鬆 D.I.Y

將綠茶煮沸，加入寒天及紅糖，待其融化後攪拌均勻，放涼即可。

使用方法

洗完臉後，將放涼的凝膠狀面膜敷臉 10 分鐘，再用化妝棉蘸化妝水將其擦淨即可。每週 1 次。

美膚功效

紅糖中含有的多種維生素和抗氧化物質能抵抗自由基，維護細胞的正常功能和新陳代謝；而紅糖亦含有的胺基酸、纖維素等物質，可以有效恢復肌膚的鎖水能力，強化皮膚彈性。將紅糖與綠茶搭配使用，能發揮抗氧化與保濕、滋潤的功效。

美麗祕訣

紅糖是公認具有排毒、滋潤功效的天然美膚聖品，有「東方巧克力」的美稱，因為未經精製，保留了較多甘蔗的營養成分，也更加容易被人體消化吸收，能快速補充體力、增加活力。因此在日常飲食中，可以適量地吃一些紅糖，能讓肌膚延緩老化。

紅糖中含有一種「糖蜜」的成分，具有較強的解毒作用，用於肌膚時，可以把黑色素從真皮層中導出，進而從源頭上阻斷黑色素的生成與堆積，達到自然美白的效果。

紅糖蜂蜜保濕面膜　★適用：任何膚質

天然材料

紅糖、蜂蜜各 1 小匙，水少許。

輕鬆 D.I.Y

① 將蜂蜜及紅糖放入乾淨的容器中。

② 將水加入容器，攪拌至黏稠狀即可。

使用方法

洗完臉後，將調好的面膜均勻地敷在臉上，避開眼周、唇部肌膚，10 ～ 15 分鐘後取下，沖洗乾淨。每週可用 2～3 次。

美膚功效

紅糖中含有多種礦物質，對肌膚有天然的滋潤、保濕作用。紅糖與蜂蜜搭配使用，能為肌膚提供保濕因子，具有極好的補水、鎖水功效，能夠令肌膚更加水嫩晶透。

桃子葡萄面膜　★適用：任何膚質

天然材料

新鮮桃子 1/2 個、葡萄 4 ～ 6 顆、麵粉適量、水適量。

輕鬆 D.I.Y

① 將桃子和葡萄洗淨，去核，去皮，榨汁，去渣備用。

② 加入麵粉混合均勻，可加入適當的水調節，成糊狀即可。

使用方法

洗完臉後，用熱毛巾敷臉，然後將面膜均勻地塗在臉上，自然風乾後用清水洗淨即可。每週 1 次。

美膚功效

這款面膜含有大量維生素 B 群和維生素 C，能夠促進血液循環，使臉部膚色健康、紅潤，有助於保持肌膚光滑與柔嫩。

橙花潤膚面膜

★適用：乾性、敏感性膚質

天然材料

橙花精油 2 滴、鮮奶 20 毫升。

輕鬆 D.I.Y

將牛奶倒入面膜碗後，加入橙花精油調勻即可。

使用方法

洗完臉後，用熱毛巾敷臉，將壓縮面膜紙放入調好的面膜液中，待面膜紙吸飽水分，取出，打開敷於臉上。約 20 分鐘後，揭下面膜紙，再用手指輕輕按摩臉部，最後用水清洗乾淨。每週 2 ～ 3 次。

美膚功效

橙花精油可以增強細胞活力，幫助細胞再生；此外，它還具有安定神經的功用，能有效治療失眠

美麗祕訣

春天時，家中可以使用一些橙花精油，橙花的特殊氣味不但能防止蚊蟲的滋擾並具有淨化空氣的功用。

玫瑰藍莓潤膚面膜 ┃★適用：任何膚質

天然材料

藍莓 4 ～ 6 顆，玫瑰精油、橙花精油各 1 滴，
紅糖 5 克。

輕鬆 D.I.Y

① 把藍莓洗淨，放入果汁機中攪打，盛入碗
中備用。

② 在藍莓汁中加入玫瑰精油、橙花精油和紅
糖，攪拌至紅糖溶化，各種材料混合均勻
即可。

使用方法

洗完臉後，取一張乾淨的壓縮面膜紙，放入面膜
液中，待充分吸收汁液後敷在臉上。約 15 分鐘
後取下，用手指輕輕按摩至汁液完全被肌膚吸收
後，用清水洗淨即可。每週 1 次。

美膚功效

本款面膜可補充水分，滋養肌膚，控制油水平
衡，達到潔膚、潤膚效果。

美麗祕訣

藍莓和玫瑰花都富含花青素，除具有抗氧
化、提昇免疫力的功能外，還可以有效抑制
破壞眼球細胞的酶，清除損害眼部血管的自
由基，能保護眼睛、消除眼睛疲勞。經常食
用藍莓，能發揮明目的功效。

玫瑰橙花茉莉保濕面膜

★適用：乾性、中性膚質

天然材料

玫瑰精油、橙花精油、茉莉精油各 2 滴，橄欖
油 4 小匙。

輕鬆 D.I.Y

① 將幾種精油滴入玻璃杯中混合。

② 加入橄欖油，輕輕搖動使其與其他精油充
分混合即可。

使用方法

用溫水洗完臉後，將 5 ～ 6 滴混合油均勻塗抹
在臉上，用指腹以畫圈方式由下往上按摩約 3 ～
5 分鐘，也可用掌心輕輕按壓或搓揉。大約 20
分鐘後，用清水洗淨即可。每週 1 ～ 2 次。

美膚功效

促進血液循環，令肌膚充滿
活力光澤。精油的芳香亦能
放鬆心情，安定心神。

奶酪薰衣草保濕面膜 | ★適用：乾性膚質

天然材料

奶酪適量、薰衣草精油 2 滴。

輕鬆 D.I.Y

在奶酪中滴入薰衣草精油，充分攪拌均勻即可。

使用方法

洗完臉後，將調製好的面膜均勻地塗抹在臉上，
約 30 分鐘後用清水沖洗乾淨。每週 1 ～ 2 次。

美膚功效

薰衣草精油具有舒緩、鎮靜肌膚的作用；奶酪營養豐富，當中的乳酸還有很好的
保濕作用，可使肌膚快速恢復滋潤與光澤。薰衣草和奶酪配合，可以有效改善乾
性肌膚以及曬傷肌膚的粗糙感。

洋甘菊玫瑰補水面膜

★適用：乾性、敏感性膚質

天然材料

洋甘菊精油 6 滴、玫瑰精油 4 滴、天竺葵精油 2 滴、橄欖油 8 毫升。

輕鬆 D.I.Y

將所有材料放入面膜碗中，慢慢調勻即可。

使用方法

溫水洗完臉後，將面膜均勻地敷在臉上。約 15 分鐘後用手輕輕按摩臉部，隨後再用溫水清洗乾淨。每週 2 ～ 3 次。

美膚功效

洋甘菊精油對乾性、敏感性膚質有很好的舒緩作用；玫瑰精油可以延緩乾性、敏感性肌膚的老化；天竺葵精油能有效平衡油脂腺分泌，還可調和洋甘菊精油的強烈氣味；橄欖油能夠滋養皮膚。

這款面膜既舒緩、又滋潤，可有效改善皮膚的缺水及脫皮情況。

美麗祕訣

洋甘菊精油除了能用於肌膚，幫助皮膚改善敏感、脆弱的問題並增加肌膚保溼性外；洋甘菊的香味也能令人放鬆、穩定，減輕焦慮、緊張、憤怒等情緒，睡前滴幾滴洋甘菊精油在枕邊，將對於舒眠很有幫助。

洋甘菊抗敏感面膜

★適用：敏感膚質

天然材料

洋甘菊精油 2 滴、乳液 6 ～ 10 克。

輕鬆 D.I.Y

將乳液放入面膜碗中，滴入甘菊精油，攪拌均勻即可。

使用方法

用溫水洗完臉後，將面膜均勻地敷在臉上，約 15 分鐘後用手輕輕按摩臉部，一邊按摩一邊沖洗。每週 2 ～ 3 次。

美膚功效

很多人都有著肌膚過於敏感的煩惱，而甘菊精油對肌膚則具有一定的舒緩作用。長期使用本款面膜，可以有效改善敏感和脆弱的皮膚，讓肌膚變得更加健康。

美麗祕訣

將洋甘菊和玫瑰精油依照 1：1 的比例調配，其混合液可以治療昆蟲咬傷。

Part | 4 控油除痘面膜
清爽美肌零負擔

Natural & Healthy Mask

控油除痘
清爽無瑕美肌

　　如何有效「控油」，是個令許多人頭痛的難題。除了乾性肌膚不易出油外，大多數膚質或多或少都會有出油的煩惱；如果出油現象得不到解決，油脂混合著灰塵，堵塞了毛孔，就容易引起肌膚發炎、痘痘滋生。因此，控油除痘面膜，是愛美女性必不可少的一項美膚利器。

依據不同狀況使用控油除痘面膜

1 單純的油性肌膚

　　也就是肌膚沒有其他問題，只是經常油光滿面，在這種情況下，可以定期使用控油面膜；此外，由於這類型的肌膚經常會因毛孔阻塞以及油脂分泌過剩而出現毛孔粗大的問題，所以也可以同時使用緊緻毛孔的面膜。

2 缺水性的油性肌膚

　　也就是因為肌膚非常缺水，導致油水不平衡，造成油脂過度分泌的補償作用，形成「外油內乾」的情況。在這種狀況下，便需要補水、控油雙管齊下，才能從根本上解決問題。

3 有少數痘痘的油性肌膚

　　由於油脂過多而冒出了少數的痘痘，此時可以使用一些針對痘痘的自製面膜。

4 有較多痘痘的油性肌膚

　　在這種情況下，代表肌膚的發炎情形嚴重，需先進行相應的治療；待治療後，當肌膚發炎症狀不再嚴重時，才能進行面膜的護理。

痘痘 & 痘疤，面膜需求大不同

在使用自製除痘面膜的過程中，需要對痘痘和痘疤有不同的護理。如果痘痘是現在進行式，則應該使用針對痘痘的除痘專用面膜，而不能使用其他保養型面膜，如美白、抗老等，否則可能會因此對痘痘造成刺激；而如果痘痘已經基本痊癒，正處於恢復期，只是臉上留下了惱人的痘疤，則可以在面膜製作時加入一些美白、淡斑的素材，針對痘疤發揮淡化的功效。

控油除痘面膜常用材料大公開

 金銀花
金銀花又叫作「忍冬」，自古就被譽為清熱解毒的良藥。它性甘、寒，氣味芳香，可祛邪，能疏散風熱，善清解血毒、去除膿腫，對於有痘痘的肌膚來說是一帖良藥。

綠茶
綠茶富含維生素 C，具有美膚、去粉刺的功效，還能收斂肌膚，有助於養顏潤膚，發揮美白的功效；另外，其所含高含量的兒茶素，除能抗氧化外，亦有抗發炎、鎮定青春痘，以及收斂毛孔的功效。
一般含有綠茶的面膜都是利用綠茶粉進行製作，使用起來更為方便。

 蘆薈
蘆薈具有使皮膚收斂、柔軟化、保濕、消炎、美白的功效，還有去角質、淡斑的作用，不僅能防止小皺紋、眼袋、皮膚鬆弛，還能保持皮膚濕潤、嬌嫩。

柑橘
柑橘可以鎮定肌膚，具有消炎、補水的功用；但需要注意的是，柑橘也具有光敏性，使用後要盡量避開陽光。

冬瓜
冬瓜是古人常用的美容素材，能夠利水消腫，還具有祛熱的功效，對於因為熱毒而出現的痘痘很有效。此外，冬瓜還可以亮白肌膚，讓皮膚變得水潤有光澤。

 薏仁
薏仁主要成分為蛋白質、維生素 B_1、維生素 B_2。有利水消腫、健脾祛濕、舒筋除痹、清熱排膿等功效，是常用的利水滲濕藥，內服外用很有效。

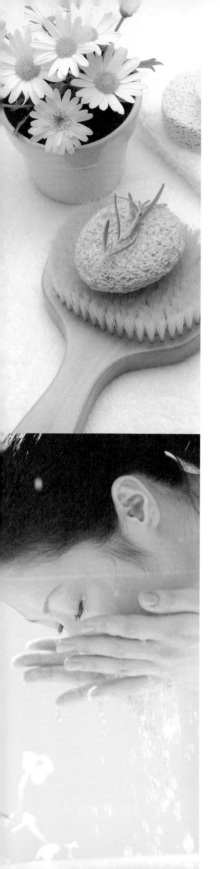

控油除痘面膜注意事項

晚間控油更有效

　　很多人都會覺得，自己的臉都是在白天才會出油，因此也就只有在白天的時候才會特別注意控油保養，而忽略了晚上的護理；但事實上，我們在白天時段所看到的皮膚表面油光，都是皮脂腺在晚間時分泌的，所以，晚上才是控油護理的最佳時機。

針對臉部不同區域做不同的護理

　　臉部的油脂分泌其實是不均勻的，尤其是混合性肌膚更是如此。一般而言，T字部位、額頭、下巴等位置比較容易出油，而臉頰則可能比較乾燥；所以塗抹面膜時，應該依不同的區域而有厚薄的差異，在油脂分泌旺盛的地方塗得厚一些，而在比較乾燥的部位則只需要塗上薄薄的一層即可。

注意粉狀素材的品質

　　在自製控油除痘面膜時，如果有用到粉狀素材如珍珠粉、綠茶粉等，在購買時就要特別留意其品質；如果質地不夠細膩、粉粒過大，便很容易阻塞毛孔，這樣一來，不但出油的問題無法解決，還會造成更多的肌膚問題。

Plus！保濕＆去角質

　　肌膚如果存有油光、痘痘等問題，單單使用控油除痘面膜，是很難達到最佳效果的；最好，還要再搭配上保濕、去角質等護理。因為臉部出油，往往是因為肌膚缺水、角質層老化所致，所以，在面膜護理的療程上，應該將保濕、去角質、控油、除痘同步進行。

控油除痘面膜
Acne Mask

番茄蛋白燕麥面膜

★適用：任何膚質

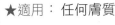

天然材料

番茄 1 個，雞蛋 1 個，燕麥粉、蜂蜜各適量。

輕鬆 D.I.Y

① 番茄洗淨後放入果汁機中攪打，用無菌紗布濾去果肉渣，取汁液。

② 雞蛋敲開取蛋白。

③ 在番茄汁中加入蜂蜜、燕麥粉、雞蛋白攪拌均勻即可。

使用方法

洗完臉後，將面膜均勻地敷在臉上，避開眼周、唇周、鼻周部位，約 20 分鐘後用溫水洗乾淨。每週 2 次。

美膚功效

番茄中的茄紅素有抗氧化作用，番茄本身還能幫助平衡油脂分泌。本款面膜可以調節皮膚油水平衡，有效美白緊緻肌膚。

奇異果麵粉抗痘面膜

★適用：混合性、油性膚質

天然材料

奇異果 1/2 個、麵粉 2 大匙。

輕鬆 D.I.Y

① 將奇異果去皮並切塊，放入果汁機中打成泥狀。

② 在奇異果泥中加入麵粉，調成糊狀即可。

使用方法

洗完臉後，將面膜均勻地塗在臉上，避開眼周和唇部皮膚，約 15 分鐘後用清水洗淨即可。每週 1 次。

美膚功效

奇異果汁液中富含果酸和抗氧化物質，對清潔、保養皮膚有顯著效果。這款面膜可深層清潔肌膚，去除毛孔中的汙垢與雜質，有效預防痘痘。

香蕉奶酪除痘面膜 ★適用：任何膚質

天然材料

香蕉 1 根、奶酪 1 大匙。

輕鬆 D.I.Y

① 香蕉去皮備用。

② 將奶酪和香蕉放入果汁機中，攪打成糊狀即可。

使用方法

洗完臉後，用熱毛巾敷臉，將面膜均勻地塗在臉上，避開眼周和唇部肌膚，20 分鐘後，用溫水洗淨。每週1～2 次。

美膚功效

這款面膜能清除臉部肌膚多餘的油脂，並且澈底清除毛孔中的汙垢及毒素，進而防止痘痘的生成；此外，它還可以幫助肌膚的細胞有效吸收各種營養，並能有效鎖住水分，使肌膚變得清爽潤澤。香蕉含有多種維生素，且膽固醇含量低，常吃能使肌膚細緻；用香蕉汁擦臉搓手，也有防止肌膚老化的功效。

玫瑰黃瓜面膜 ┃ ★適用：任何膚質

天然材料

玫瑰花 3 朵、新鮮黃瓜 1/2 根、珍珠粉 2 大匙。

輕鬆 D.I.Y

① 將黃瓜洗淨，切丁，和玫瑰花一起搗成泥狀。

② 加入珍珠粉混合均勻即可。

使用方法

用溫水洗完臉後，用熱毛巾敷臉，再將面膜均勻地塗在臉上，避開眼周、唇部肌膚，20 ～ 25 分鐘後用溫水洗淨。每週 2 ～ 3 次。

美膚功效

這款面膜能有效消除痘痘、淡化色斑，也能控油，具有很好的美白功效。

美麗祕訣

玫瑰具有極佳的保濕性，含有香茅醛等成分，能舒緩情緒，調血氣，有效改善老化、乾燥、敏感的肌膚狀況。玫瑰能夠促進血液循環，有活血、淡斑、去痘的功效，一直都是美容界最受歡迎的寵兒。

綠茶蘆薈面膜 | ★適用：任何膚質

天然材料

綠茶粉 2 小匙、蘆薈 1 片、麵粉 4 小匙。

輕鬆 D.I.Y

① 將蘆薈洗淨，去刺，去皮，切成小塊後，放入果汁機中打成蘆薈泥，再用無菌濾布將殘渣濾掉，留下汁液。

② 蘆薈汁加入麵粉後稍微攪拌，再加入綠茶粉混合均勻即可。

使用方法

洗完臉後，將面膜均勻敷在臉上，15 分鐘後用溫水洗淨。

美膚功效

蘆薈是皮膚最佳的補水美白聖品，能讓肌膚潤澤而無油光；與綠茶搭配使用，有抗氧化、控油緊緻的功效。

美麗祕訣

蘆薈具有排毒養顏的功效，雖然可以內服，但並不一定適合每一個人；蘆薈是一種清熱解毒的食物，體質虛弱或脾胃虛寒的人千萬要慎用。

另外，綠茶粉具有抗氧化的功效；而在日常生活中，常喝綠茶，也能夠幫助我們對抗電腦的輻射。

蘆薈蜂蜜面膜　★適用：敏感性膚質慎用

蘆薈 1 片、蜂蜜 2 小匙。

輕鬆 D.I.Y

① 將蘆薈洗淨，去刺，去皮，切成小塊後，放入果汁機中攪打成汁。

② 將蜂蜜放入蘆薈汁中拌勻即可。

使用方法

洗完臉後，用熱毛巾敷臉，將面膜均勻地敷在臉上，20 分鐘後用溫水洗淨即可。每週 2 次。

美膚功效

這款面膜中的多醣類能緩解紅腫，清除毛孔內黑頭粉刺和汙垢，調節肌膚油水平衡，預防黑頭粉刺和青春痘的形成，活化皮膚細胞，增強肌膚的局部修復功能，淡化痘斑。

綠茶橘皮粉蛋白面膜

★適用：中性或油性膚質

天然材料

綠茶粉 4 小匙、雞蛋 1 個、乾燥橘皮粉 2 小匙。

輕鬆 D.I.Y

① 新鮮橘皮放於通風處約 7 天待其乾燥，或者直接用微波爐加熱約 5 分鐘便可迅速乾燥（如果沒有新鮮橘皮，也可以去中藥店購買乾燥的陳皮代替）。

② 將乾燥橘皮切成小塊，放入食物調理機中打成粉末。

③ 將綠茶粉、橘皮粉拌勻。

④ 敲開雞蛋，取蛋白，用蛋白和綠茶粉、橘皮粉調成糊狀即可。

使用方法

洗完臉後，將面膜均勻敷在臉上，15 分鐘後用清水沖洗乾淨。每週 2 ～ 3 次。

美膚功效

綠茶和橘皮對於肌膚都有收斂和控油的作用，能讓肌膚感覺清爽無比。

另外，如果肌膚屬乾性，只需要再加入一點蛋黃，便可以防止肌膚乾燥。

蛋白米醋抗痘面膜 ★適用：任何膚質

天然材料

雞蛋 1 個、米醋適量。

輕鬆 D.I.Y

① 敲開雞蛋，取蛋白備用。

② 將蛋白放入米醋中浸泡。

③ 三天後，取出蛋白醋攪拌均勻。

使用方法

洗完臉後，用熱毛巾敷臉，將面膜均勻地塗在臉上，避開眼周和唇部肌膚，15～30 分鐘後，用溫水洗淨。每週 1～2 次。

美膚功效

這款面膜能夠溫和地去除臉上的痘痘和面皰，從而使肌膚變得更加光滑、緊緻，具有彈性。

不過由於這款面膜的原材料容易變質，最好一次用完，如果有剩餘，請用玻璃器皿密封，放入冰箱內冷藏。

美麗祕訣

雞蛋含有豐富的蛋白質，能促進肌膚細胞生長和新陳代謝，還能幫助修復受損細胞，增強人體對病菌的抵抗能力，使用雞蛋面膜可以改善肌膚狀況，讓肌膚更加嫩滑。

白醋面膜　★適用： 敏感膚質禁用

天然材料

白醋 4 小匙、麵粉 2 大匙。

輕鬆 D.I.Y

將白醋和麵粉混合，攪拌均勻即可。

使用方法

洗完臉後，用熱毛巾敷臉，將面膜均勻地塗在臉上，20 分鐘後，用溫水洗淨即可。每週 2 ～ 3 次。

美膚功效

這款面膜能夠有效抑制肌膚中黑色素的形成，淡化臉部的色斑，並且能夠深入清潔毛孔，有效去除臉部多餘的油脂，讓臉部肌膚保持潔淨的狀態，從而預防痘痘的產生。

紫茄皮面膜　★適用： 任何膚質

天然材料

新鮮茄子 1 個。

輕鬆 D.I.Y

① 將茄子去蒂，洗淨，晾乾。
② 將茄子的外皮削成較為均勻的片狀。

使用方法

洗完臉後，用熱毛巾敷臉，將茄子皮表皮朝外貼在臉上，避開眼周和唇部肌膚，20 分鐘後用溫水洗淨。每週 4 ～ 6 次。

美膚功效

這款面膜的最大功效是淡化臉部色斑，對於臉上礙眼的痘疤也有一定的消除作用。

香芹優酪乳面膜 ┃ ★適用：乾性、中性及混合性膚質

【 天然材料 】

新鮮香芹葉（即巴西利，又稱荷蘭芹）20
克、優酪乳 3 大匙。

【 輕鬆 D.I.Y 】

① 將香芹葉洗淨，切碎。

② 在切碎的香芹葉中加入優酪乳攪拌均
勻，放置 3 小時即可。

【 使用方法 】

洗完臉後，用熱毛巾敷臉，將面膜均勻地
塗在臉上，避開眼周和唇部肌膚，15 ～
20 分鐘後，用溫水洗淨。每週 2 ～ 3 次。

【 美膚功效 】

無論是香芹還是優酪乳，都具有極佳的美
白作用。這款面膜能夠淡化色斑，使肌膚
美白細緻，也能清涼消炎、保濕鎮靜、消
除臉部紅腫不適。

美麗
祕訣

香芹香氣濃郁，含有維生素 A、
β- 胡蘿蔔素、維生素 B_1、維生
素 B_2、維生素 C 等豐富的營養
成分，有抑制黑色素生長、美白
肌膚、淡化色斑、潔膚潤色、鎮
靜消腫的功用。

香芹葉切得越碎，就越有利於皮
膚的吸收；不過由於其具有光敏
性，不建議白天使用。

小蘇打牛奶面膜 ｜★適用：敏感性膚質**慎用**

天然材料

小蘇打粉 4 小匙、牛奶 2 大匙。

輕鬆 D.I.Y

① 將小蘇打粉放入碗中。

② 將牛奶倒入，攪拌均勻即可。

使用方法

洗完臉後，用熱毛巾敷臉，將面膜均勻地塗在臉上，20 分鐘後，用溫水洗淨即可。每週 1 次。

美膚功效

這款面膜在製作過程中會產生大量氣泡，能夠讓毛孔充分張開，並且將裡面的髒東西頂出來，對於去除黑頭粉刺、油脂有很好的效果，更能防止痘痘生成。

玉米粉牛奶除痘面膜 ｜★適用：任何膚質

天然材料

玉米粉 2 大匙、牛奶 450 毫升。

輕鬆 D.I.Y

將玉米粉、牛奶倒入面膜碗中，攪拌成泥狀即可。

使用方法

洗完臉後，用熱毛巾敷臉，將面膜均勻地塗在臉上，避開眼周和唇部肌膚，15 ～ 30 分鐘後，用溫水洗淨。每週 1 ～ 2 次。

美膚功效

這款面膜能有效清除皮膚上的汙垢、平衡肌膚油脂，並能有效收斂毛孔、防止痘痘產生，使肌膚得到充足的水分。

馬鈴薯牛奶面膜 | ★適用：敏感性膚質慎用

天然材料

馬鈴薯 1 個、牛奶 3 大匙、麵粉適量。

輕鬆 D.I.Y

① 將馬鈴薯洗淨，去皮，切塊，攪打成泥備用。

② 在馬鈴薯泥中加入牛奶和麵粉，攪拌成糊狀即可。

使用方法

洗完臉後，用熱毛巾敷臉，將面膜均勻地塗在臉上，20 分鐘後，用溫水洗淨即可。每週 2～3 次。

美膚功效

這款面膜中含有大量對肌膚有益的營養成分：牛奶能有效淡化色斑，對肌膚更有嫩白和收斂作用；馬鈴薯可以控油除痘，讓肌膚保持清爽。

美麗祕訣

馬鈴薯中的營養成分可以促進皮膚細胞生長、保持皮膚光澤、抑制黑色素沉澱、防止皮膚發炎，不僅可以美白嫩膚，還可以淡化各種色斑。

馬鈴薯金銀花除痘面膜 ★適用：任何膚質

天然材料

馬鈴薯 1 顆、橘子 1/2 個、金銀花 1/2 大匙。

輕鬆 D.I.Y

① 先將金銀花用少量熱水泡好。

② 馬鈴薯洗淨，切塊，倒入果汁機中。

③ 橘子去皮，放入果汁機中與馬鈴薯一起攪打成糊狀。

④ 將金銀花倒入果汁機中，攪打均勻。

使用方法

洗完臉後，用熱毛巾敷臉，將面膜均勻地塗在臉上，避開眼周和唇部肌膚，15～20 分鐘後，用溫水洗淨。每週 1～2 次。

美膚功效

這款面膜含有豐富的維生素 C，能深層滋潤肌膚，為肌膚提供亮白因子，趕走黑色素和細紋。

美麗祕訣

金銀花能夠清熱去痘，促進細胞代謝，為肌膚提供營養，並幫助肌膚排出毒素，達到讓肌膚光滑、潤白的效果。

不過使用這款面膜時要特別注意，因為馬鈴薯容易氧化，不宜保存，所以面膜不要製作過多，做完也請馬上使用。

馬鈴薯橄欖油面膜

★適用：敏感性膚質慎用

天然材料

馬鈴薯 1 個、橄欖油 3 小匙。

輕鬆 D.I.Y

① 馬鈴薯洗淨，去皮，蒸熟後切成小塊，攪拌成馬鈴薯泥。

② 將橄欖油加入馬鈴薯泥中，拌勻即可。

使用方法

洗完臉後，用熱毛巾敷臉，再將面膜均勻地塗在臉上，20 分鐘後，用溫水洗淨即可。每週 2～3 次。

美膚功效

這款面膜能深層清潔肌膚，具有消炎、除斑的功效，對頑固的痘痘也有很好的清除效果。

鳳梨金銀花除痘面膜 ★適用：油性及痘痘膚質

天然材料

鳳梨 50 克，通心粉 10 克、金銀花 1/2 大匙。

輕鬆 D.I.Y

① 鳳梨去皮，洗淨，切小塊，放入果汁機中攪打成泥，倒入面膜碗中。

② 將通心粉、金銀花研磨成細粉。

③ 將研磨好的細粉放入鳳梨泥中，攪拌均勻即可。

使用方法

洗完臉後，用熱毛巾敷臉，將面膜均勻地塗在臉上，避開眼周和唇部肌膚，15～20 分鐘後，用溫水洗淨。每週 1～2 次。

美膚功效

這款面膜能滋潤肌膚，去除老廢角質，淡化臉部色斑，促進肌膚新陳代謝。

益母草黃瓜面膜 ★適用：中性、油性及混合性膚質

天然材料

益母草 10 克、新鮮黃瓜 1/2 根、蜂蜜 1 小匙。

輕鬆 D.I.Y

① 將益母草碾為粉末。

② 黃瓜洗淨，切塊，放入果汁機中攪打備用。

③ 將上述材料混合，調入蜂蜜，充分攪拌均勻
即可。

使用方法

用溫水洗完臉後，用熱毛巾敷臉，將面膜均勻
地塗在臉上，避開眼周和唇部肌膚，20 分鐘後
用溫水洗淨。每週 1～2 次。

美膚功效

這款面膜能清熱解毒，去斑養顏，對痘痘有快
速消除的功效；此外，它還具有幫助人們抵抗
疲勞、延緩皮膚衰老的功能。

美麗
祕訣

益母草又名坤草，是古來
用以治療婦科疾病的藥
材，它含有硒和錳等微量
元素，可抗氧化、防衰老、
抗疲勞，有很好的養顏功
效。此外，益母草中還有
益母草鹼、月桂酸、芸香
苷等成分，能夠清熱活血，
有效去除黑斑和痘痘。

蒜蜜面膜 | ★適用：敏感性膚質慎用

天然材料

大蒜 1 顆、小麥粉 3 大匙、蜂蜜 2 大匙。

輕鬆 D.I.Y

① 將大蒜去皮，洗淨，搗成泥狀。

② 在蒜泥中加入蜂蜜，再倒入小麥粉中攪拌均勻。

③ 於陰涼處放置一個晚上。

使用方法

洗完臉後，用熱毛巾敷臉，將面膜均勻地塗在臉上，15～20 分鐘後用溫水洗淨。每週 2～3 次。

美膚功效

這款面膜具有很好的消炎除痘功效，能刺激臉部肌膚的血管，給予細胞活力，促進血液循環，加快新陳代謝，使細胞裡的黑色素無法積存。

美麗祕訣

大蒜有相當強的殺菌作用，能夠抑制多種病菌，對皮膚真菌和黴菌也有很好的抗菌、殺菌效果，且不會產生抗藥性。

大蒜還具有強化角質的作用，長期使用，臉上較淺的皺紋也會消失。

大蒜麵粉抗痘面膜

★適用： 任何膚質

天然材料

麵粉 3 大匙、大蒜 3 瓣、水適量。

輕鬆 D.I.Y

① 大蒜去皮，洗淨，放入微波爐中加熱 2 分
鐘，取出，搗成蒜泥。

② 將蒜泥和麵粉加水攪拌均勻即可。

使用方法

洗完臉後，用熱毛巾敷臉，將面膜均勻地塗
在臉上，避開眼周和唇部肌膚，15 ～ 30 分
鐘後，用溫水洗淨。每週 1 ～ 2 次。

美膚功效

這款面膜具有消除臉部水腫、
清除痘痘、去除角質的功效，
能使臉部輪廓更為精緻。

燕麥珍珠粉茶葉面膜

★適用： 任何膚質

天然材料

燕麥粉 1 大匙、雞蛋 1 個、茶葉末 1 小匙、珍
珠粉少許。

輕鬆 D.I.Y

① 將雞蛋放入鍋中，加入適量清水，大火煮沸
後轉小火，將雞蛋煮熟，取蛋黃備用。

② 在燕麥粉中加入煮熟的雞蛋黃、珍珠粉、茶
葉末混合，充分攪拌均勻即可。

使用方法

洗完臉後，將面膜塗在臉上，20 ～ 30 分鐘後
用清水洗去。每週 1 次。

美膚功效

這款面膜不僅能抗氧化，還有
美白緊緻效果，對粉刺也有一
定的治療功效。

需要注意的是，在使用燕麥粉
來製作面膜時，一定要選擇純
燕麥粉，而不要選擇那些添加
了糖或牛奶等配料的產品。

薏仁冬瓜籽面膜 | ★適用：任何膚質

天然材料

薏仁 30 克，冬瓜籽 15 克，貝母、香附各 10 克，雞蛋 1 個。

輕鬆 D.I.Y

① 將薏仁、冬瓜籽、貝母和香附研磨成細末，過篩後備用。

② 敲開雞蛋，取蛋白打散，再倒入細粉中，攪拌均勻即可。

使用方法

洗完臉後，用熱毛巾敷臉，將面膜均勻地塗在臉上，避開眼周、唇部肌膚，15～20分鐘後，用溫水洗淨。每週2次。

美膚功效

這款面膜能夠加速血液循環，抑制黑色素的生成；此外，還可淡化色斑，消除細紋。

薏仁百合控油面膜 | ★適用：油性膚質

天然材料

薏仁 2 大匙、乾百合 1 大匙、蜂王漿 1 大匙、水 3 大匙。

輕鬆 D.I.Y

① 薏仁、乾百合洗淨，瀝乾。

② 將薏仁、乾百合放入鍋中，加入水，用小火煮到稠度適中，關火。

③ 加入蜂王漿，攪拌均勻，等待冷卻即可。

使用方法

洗完臉後，用熱毛巾敷臉，將面膜均勻地塗在臉上，避開眼周和唇部肌膚，15分鐘後，用溫水洗淨。每週 1～2 次。

美膚功效

這款面膜具有很好的清熱解毒功能，更能滋潤肌膚，消除雀斑。

檸檬草佛手柑抗痘面膜 | ★適用：任何膚質

天然材料

檸檬草（即香茅）精油 4 滴、佛手柑精油 8 滴、綠豆粉 2 大匙、甘油 1 小匙、水少許。

輕鬆 D.I.Y

將綠豆粉、甘油及水放入面膜碗中，滴入檸檬草精油及佛手柑精油，攪拌均勻即可。

使用方法

用溫水洗完臉後，將面膜均勻地敷在臉上，約 15 分鐘後用溫水洗淨。每週 1～2 次。

美膚功效

檸檬草精油具有很強的殺菌作用；而佛手柑精油除能殺菌止癢外，還有很好的保溼效果，可使肌膚油水平衡，進而改善膚質。

本款面膜對皮膚的清潔作用較好，經常使用可令皮膚充滿活力，還可預防痘痘。

美麗祕訣

早晚洗臉時，往臉盆裡滴一滴佛手柑精油，可以改善油性肌膚，收斂毛孔，而且佛手柑的芬芳氣息會讓人感到非常舒服。

另外，由於佛手甘精油有分光敏性和去光敏性兩種，選擇時請特別留心，一定要選去光敏性的佛手柑精油，否則就不適合用於臉部保養。

甘菊薰衣草除痘面膜 | ★適用：敏感性膚質及曬傷膚質

天然材料

洋甘菊精油 2 滴、薰衣草精油 4 滴、綠豆粉 1 匙、甘油 1/2 匙、水少許。

輕鬆 D.I.Y

① 將綠豆粉、甘油及水放入面膜碗中調成糊狀。

② 滴入洋甘菊精油和薰衣草精油，充分攪拌均勻即可。

使用方法

用溫水洗完臉後，將面膜均勻地敷在臉上，約 15 分鐘後用溫水清洗乾淨。每週 2 次。

美膚功效

薰衣草精油能促進細胞再生、加速傷疤癒合、預防黑色素沉澱，同時亦能平衡皮脂分泌，達到改善痘痘的效果；洋甘菊精油的香味能緩解焦慮、憤怒的情緒，用於肌膚上則具有紓緩鎮靜、收斂毛孔的功效；綠豆粉有很好的清熱功能。

本款面膜具有深層清潔、調理油性肌膚、消除痘痘、清熱排毒、幫助睡眠的功效。

美麗祕訣

早晚洗臉時，滴一滴洋甘菊精油於洗臉的水中，用毛巾按敷臉部 5 分鐘，就能發揮舒緩情緒的作用。

此外，用 10 滴洋甘菊精油配 5 毫升甜杏仁油，可以治療皮膚濕疹，用配好的精油直接塗抹在患處每天 2 ～ 3 次。

薰衣草黃豆粉面膜 | ★適用：油性膚質

天然材料

黃豆粉 2 小匙、薰衣草精油 2 滴、水少許。

輕鬆 D.I.Y

① 將薰衣草精油加水稀釋，攪勻。

② 加入黃豆粉拌勻即可。

使用方法

洗完臉後，用熱毛巾敷臉，將面膜均勻地塗在臉上，避開眼周和唇部肌膚，20 分鐘後，用溫水洗淨。每週 1～2 次。

美膚功效

這款面膜可以控制油脂分泌，調節肌膚油水平衡，從而達到除痘的功效；另外，它還可以滋潤肌膚，使肌膚保持水嫩。

椰汁蘆薈綠豆粉面膜 | ★適用：任何膚質

天然材料

椰子水 1/2 杯、蘆薈 1 片、綠豆粉 1 大匙。

輕鬆 D.I.Y

① 蘆薈洗淨，去刺，去皮。

② 將蘆薈肉與椰子水一同放入果汁機中。

③ 將綠豆粉加入果汁機中，與椰子水、蘆薈肉一起攪打成泥即可。

使用方法

洗完臉後，用熱毛巾敷臉，將面膜均勻地塗在臉上，避開眼周和唇部，15 分鐘後，用溫水洗淨。每週 1～2 次。

美膚功效

調節肌膚油水平衡，改善肌膚鬆弛現象，使肌膚淨白、滑嫩、有光澤。

薄荷牛奶清肌面膜　★適用：中性膚質

　天然材料

薄荷精油2滴、牛奶100毫升、麵粉少許。

　輕鬆 D.I.Y

① 將牛奶和麵粉倒入面膜碗中，攪拌成糊狀。

② 加入薄荷精油並充分攪拌，使所有材料充分混合均勻即可。

　使用方法

用溫水洗完臉後，將面膜厚厚地敷在臉上，約20分鐘後用清水洗淨。每週1～2次。

　美膚功效

薄荷精油可以清除皮膚汙垢，淨化肌膚，對於清除黑頭粉刺及油脂有很好的效果。與牛奶搭配使用，可以清潔並滋潤肌膚，防治痘痘。

美麗祕訣

薄荷精油具有消炎、抗菌、淨化肌膚的功用外，清新爽朗的氣味對於消除口臭、提振精神等都很有助益；其清涼的特性，對於輕微的感冒、壓力引起的偏頭痛、經痛等，也都有緩解的功效。

下次偏頭痛發作時，不妨試著用薄荷精油2滴搭配薰衣草精油2滴，可用水蒸氣蒸薰的方式，或是滴在紙巾上聞嗅，都能達到紓緩頭痛的效果。

Part | 5 美白淡斑面膜
變身現代「白雪姬」

Natural & Healthy Mask

淨透無暇
現代人的美白大作戰

　　美白淡斑面膜屬於保養類的面膜，主要是藉由提供美白淡斑的營養成分，從外部一直滲透到肌膚底層，從而改善肌膚，達到白嫩淨透的功效。

　　至於肌膚是否能充分吸收營養，進而確實獲得改善，則是取決於美白淡斑面膜中有效成分的分子大小、濃度，以及面膜在肌膚上所停留的時間。

三大類美白淡斑面膜

第一類：針對美白功能的面膜。能淡化暗沉、改善膚色，讓膚色越來越白皙。

第二類：針對淡斑功能的面膜。在美白的基礎上，再對斑點進行淡化功能的加強。值得注意的是，長期使用美白淡斑面膜雖然一定有其顯著的功效，但基本上，只能淡化已經形成的雀斑、黑斑等色斑，並能預防之後色斑的出現，但「不可能」讓這些色斑真正完全的消失。

第三類：針對曬後修復的面膜。主要用於在戶外曬傷後的肌膚，通過對肌膚的修復與護理，防止肌膚變黑或者出現曬斑、乾燥、皺紋等情況。

針對不同膚質選擇合適的美白淡斑面膜

油性肌膚：可以使用附去角質作用的美白淡斑面膜，更能讓肌膚煥發光采。

乾性肌膚：應注重肌膚缺水的問題，所以要選擇兼具美白與保濕雙重功效的面膜。

敏感性肌膚：要小心避開一些光敏性的面膜材料，比如檸檬、柑橘、芒果、木瓜、鳳梨、蘆薈、芹菜、蘿蔔、白芷、檀香等。

　　值得注意的是，無論是哪一種類型的肌膚，都**千萬不要濫用美白面膜**。因為在許多自製的美白面膜中，或多或少都會包含熊果素等成分，這些成分雖然有助於肌膚白皙，但也可能對肌膚造成刺激，不宜頻繁使用。

　　一般而言，每週建議使用 1 ～ 2 次美白淡斑面膜即可。

美白淡斑面膜常用材料大公開

檸檬
檸檬含有豐富的維生素 C，具有極佳的美白功效，還能促進身體的新陳代謝，幫助身體排除毒素，消除身體的疲勞感。

但需要注意的是，由於檸檬具有光敏性，使用後應避免陽光的照射；因此，以檸檬為素材的面膜最好是在晚上才使用。

蘋果
蘋果富含維生素 C、果酸、果膠等成分，能夠有效滋潤和美白肌膚，對肌膚還有緊實作用，能增強肌膚的彈性。

奇異果
奇異果中含有豐富的維生素 C，能防止肌膚中的黑色素沉澱，具有軟化角質、預防青春痘及膚色暗沉等肌膚問題的功效，更能美白肌膚，延緩皮膚衰老。

玫瑰
玫瑰含有多種美容養顏成分，能滋潤、美白肌膚，防止皺紋產生；更能有效改善女性經期不適，進而調理膚質，活化肌膚。

白芷
白芷是自古以來常見的美顏外用藥，能消腫抗炎、淡化黃褐斑、防止黑色素沉澱，進而有效美白，使肌膚紅潤有光澤。另外還有防止皮膚瘙癢的效果。

但需要注意的是，由於白芷也具有光敏性，使用後應避免陽光的照射；因此，以白芷為素材的面膜最好是在晚上才使用，同時也應該避免過度使用。

珍珠粉
珍珠粉含有多種胺基酸和微量元素，具有抑制脂褐素增多、增強肌膚活力、延緩肌膚衰老等功效，可以有效改善膚色暗沉、黑頭粉刺、油光、痘痘等問題。

美白淡斑面膜注意事項

天生「黑肉底」的人應該怎樣美白？

有些人由於天生皮膚內的黑色素就比較多，從小膚色偏黑。這樣的膚質若使用美白面膜，雖然可以在原本的基礎膚色上變白一些，但不太可能從本質上有根本的改變。

天生皮膚黑的女性，如果要想讓肌膚從根本上變白，還應該經過由內而外的調理，在飲食、按摩等方面多下點功夫。

敷曬後修復面膜的注意事項

曬後修復面膜也是美白面膜的一種，在日曬後透過面膜的搶救與修復，避免肌膚問題的產生。

① 使用涼水洗臉

雖然在一般情況下都是建議使用溫水洗臉，因為這樣才能打開毛孔，讓面膜成分有效滲透肌膚；但在使用曬後修復面膜前，則應該改用涼水，因為水溫如果過高，很可能會讓已經被曬傷的肌膚受到進一步的傷害，讓微血管擴張充血，導致肌膚上出現片片潮紅，甚至還可能長出曬斑。

② 敷面膜前的準備工作

曬傷後，先不要急著馬上敷面膜，應該先做好基礎的急救工作。

如果肌膚只是輕微曬傷，在冷水洗臉後可以用柔軟的毛巾將水分吸乾（切忌用擦的），再用冰鎮過的化妝水或保濕噴霧舒緩熱熱紅紅的肌膚，迅速為肌膚補充水分，讓肌膚迅速恢復正常功能。接著才可以繼續使用曬後修復面膜。

③ 要謹慎對待重度曬傷的肌膚

如果肌膚曬傷得比較嚴重，請千萬不要嘗試使用刺激性過大的曬後修復面膜。在清潔後，可以使用最簡單的「清水面膜」，即用面膜紙浸泡清水，敷在臉上，以減輕肌膚的發炎症狀，修護皮脂膜。

但如果在24小時內，肌膚仍是一直感到疼痛，則建議儘快向皮膚科醫生求救。

美白淡斑面膜
Whitening Mask

檸檬燕麥蛋白面膜 ｜★適用：任何膚質

天然材料

檸檬 1/4 個，雞蛋 1 個，燕麥粉、蜂蜜各適量、水適量。

輕鬆 D.I.Y

① 敲開雞蛋，取蛋白。

② 將蛋白、蜂蜜、燕麥粉，一起放入乾淨容器中，擠入檸檬汁，攪拌均勻即可。

③ 根據狀況，可適度加水調節濃稠度。

使用方法

用溫水洗完臉後，將面膜均勻地塗在臉上，避開眼周、唇周、鼻周部位肌膚。約 20 分鐘後用清水洗淨。每週 1 次。

美膚功效

檸檬含有較多的維生素 C，具有很好的抗氧化作用，檸檬與燕麥搭配使用，能使抗氧化功能更強；蛋白除了含有黏蛋白外，還含有醋酸，醋酸可以保護皮膚的微酸性，防止細菌感染。

這款面膜可消除臉部細紋，使肌膚光潔細嫩，同時有抗菌消炎的功用。

紅石榴牛奶面膜　★適用：任何膚質

天然材料

新鮮石榴籽 100 克、牛奶適量。

輕鬆 D.I.Y

① 將新鮮紅石榴籽放入果汁機中攪打後，倒入乾淨容器中備用。

② 將牛奶調入石榴汁中，調勻即可。

使用方法

洗完臉後，將調好的面膜均勻地敷在臉上，約 20 分鐘後用清水洗淨即可。每週 1 次。

美膚功效

紅石榴籽的汁液中含有大量抗氧化物質，能有效清除自由基，滋養細胞，減緩細胞衰老；牛奶富含維生素，可以促進皮膚的新陳代謝，防止皮膚乾燥及暗沉，使皮膚白皙、有光澤。這款面膜不但能抗氧化、活化細胞、使肌膚嫩白有光澤，對黑眼圈也有一定的防治功效。

美麗祕訣

石榴是 30 歲女人的「紅寶石」，其中含有大量的植物性雌激素，能有效扼殺黃褐斑的生成，更能撫平肌膚細紋。石榴還具有驅蟲作用，對皮膚的護理很有助益，能把毛孔中的寄生蟲統統消滅。另外，有科學研究指出，凡是紅色或紫黑色的水果、蔬菜均含有大量的天然抗氧化物質。所以經常食用這類深色水果或蔬菜能增加抗氧化物質的攝取，有效防止自由基在體內引起的細胞損傷。

石榴面膜　★適用：任何膚質

天然材料

石榴 150 克、化妝水適量。

輕鬆 D.I.Y

① 石榴洗淨，去皮，用果汁機榨汁。

② 將石榴汁加化妝水稀釋即可。

使用方法

洗完臉後，用熱毛巾敷臉，再將面膜均勻地敷在臉上，15 ～ 20 分鐘後用溫水洗淨。每週2～3次。

美膚功效

石榴被稱為「美容聖品」，富含礦物質，並具有抗氧化成分，能迅速補充肌膚流失水分，令肌膚更為柔潤。這款面膜含有優質的抗氧化劑，不僅可以幫助肌膚抵抗自由基的侵害，還可以阻止黑斑的形成。

冰葡萄面膜

★適用：中性、油性及混合性膚質

天然材料

葡萄 4 ～ 6 顆。

輕鬆 D.I.Y

① 將葡萄洗淨，放在冰箱內冰鎮
　 30 分鐘。

② 將葡萄取出，去籽留皮，搗碎成
　 漿狀即可。

使用方法

洗完臉後，先用熱毛巾敷臉，將果漿均勻地塗在臉上，避開眼周和唇部肌膚，10 ～ 15 分鐘後用溫水洗淨。每週 1 ～ 2 次。

美膚功效

這款面膜可以較溫和地去除角質，令肌膚更加柔滑亮白。

奇異果蜂蜜面膜 　★適用：除敏感膚質外的任何膚質

天然材料

奇異果 1 個、蜂蜜 1 大匙。

輕鬆 D.I.Y

① 將奇異果在清水中洗淨，去皮，瀝乾水
　分，搗爛備用。

② 將蜂蜜放入奇異果泥中，攪拌均勻即可。

使用方法

每次洗完臉後，用熱毛巾敷臉，將面膜均
勻地塗在臉上，15 分鐘後用溫水洗淨。每
週 2～3 次。

美膚功效

蜂蜜有較強的滋潤性，其活性物質有利於
被皮膚細胞所吸收，能有效提供肌膚營養，
並消除臉部斑點。這款面膜能夠改善皮膚
乾燥和暗沉，使肌膚白皙、紅潤、有光澤。

美麗祕訣

奇異果含極為豐富的維生素 C，是美白肌
膚所必需的營養成分，能抑制黑色素、防
止雀斑的生成。另外，其豐富的維生素 E，
也能夠保持肌膚彈性，幫助皮膚抵抗紫外
線和汙染源，使肌膚充滿活力。

木瓜優酪乳面膜　★適用：任何膚質

天然材料

木瓜 50 克、優酪乳 50 毫升。

輕鬆 D.I.Y

① 木瓜洗淨，去皮，去籽，放入果汁機中攪打成泥。

② 將優酪乳加入木瓜泥中拌勻即可。

使用方法

洗完臉後，用熱毛巾敷臉，再將面膜均勻地敷在臉上，15 ～ 20 分鐘後用溫水洗淨。每週 2 ～ 3 次。

美膚功效

無糖的原味優酪乳不但保存了牛奶中的營養成分，而且更容易被肌膚吸收與利用，是純天然的護膚聖品，具有絕佳的美容功效。這款面膜既含有乳酸菌，又含有蛋白酶，有保濕功效，還能去角質，使肌膚迅速恢復光澤、嫩滑，更能阻止酪氨酸酶 * 被活化，從而抑制黑色素生成，並能補充肌膚所需的大量水分及養分，讓肌膚顯得亮白剔透。

* 酪氨酸酶：酪氨酸酶是黑色素合成的關鍵酶，其活性的高低決定了黑色素合成的速率。其活性過強或是紊亂，就容易發生雀斑、黃褐斑、老人斑等肌膚問題。

木瓜檸檬面膜　★適用：敏感性膚質禁用

天然材料

木瓜 1 片、檸檬汁 1/2 大匙。

輕鬆 D.I.Y

① 將木瓜洗淨，去皮，去籽，切塊，搗成泥狀。

② 將檸檬汁稀釋 1 倍，慢慢加入木瓜泥中，攪拌均勻成糊狀即可。

使用方法

洗完臉後，用熱毛巾敷臉，將面膜均勻地塗在臉上，靜待 20 分鐘後，用清水洗淨。每週 1 ～ 2 次。

美膚功效

這款面膜具有去除角質、抵抗衰老的功效。長期使用，可以讓膚色紅潤淨白有光澤，其中的木瓜蛋白酶能促進老皮脫落和新皮膚的生長，與蛋白質配合，可阻斷黑色素的形成。

葡萄柚粉面膜 | ★適用：**除敏感性膚質外的任何膚質**

天然材料

葡萄柚 1/4 個、麵粉 50 克。

輕鬆 D.I.Y

① 將葡萄柚洗淨，去皮，將果肉放入果汁
　機中打成果泥，盛入乾淨的容器中備用。

② 在果泥中加入麵粉和適量的水攪拌均勻
　即可。

使用方法

用溫水洗完臉後，將面膜均勻地塗在臉上，
避開眼周、眉毛、唇周部位，約 30 分鐘後
用清水將面膜洗去。每週 1 ～ 2 次。

美膚功效

葡萄柚含有豐富的維生素 C，有抗氧化、
美白、預防雀斑、消除皺紋的作用。另外，
葡萄柚還含有大量的生物類黃酮，具有修
復受損組織的功能。

這款面膜能消除脂肪，收斂毛孔，讓膚色
亮白有光澤。

美麗
祕訣

葡萄柚是集預防疾病、保健與美容於一身
的水果，睡前喝一杯葡萄柚汁可以幫助睡
眠，早晨喝一杯葡萄柚汁可預防便祕。

梨子檸檬亮白面膜　★適用： 乾性、中性膚質

天然材料
梨子、檸檬各 1 個。

輕鬆 D.I.Y
1. 將梨子洗淨，去皮，去核，用廚房紙巾
   將梨子的水分擦乾，搗爛；檸檬洗淨，
   擠出檸檬汁備用。
2. 將檸檬汁加入梨子泥中，拌勻即可。

使用方法
洗完臉後，用熱毛巾敷臉，將
面膜均勻地塗在臉上，15 分鐘
後用溫水洗淨。每週 2 ～ 3 次。

美膚功效
這款面膜具有改善皮膚乾燥的功用，能使
肌膚柔嫩、紅潤、有光澤。

檸檬優酪乳面膜　★適用： 任何膚質

天然材料
檸檬 1/2 個，優酪乳、蜂蜜各 2 大匙。

輕鬆 D.I.Y
1. 檸檬洗淨，榨取果汁備用。
2. 將檸檬汁、優酪乳、蜂蜜放入容器中攪拌
   成糊狀即可。

使用方法
洗完臉後，將面膜均勻地塗在
臉上，靜置 15 ～ 20 分鐘後用
清水洗淨即可。每週 1 ～ 2 次。

美膚功效
這款面膜能夠充分滲透、滋養肌膚，使皮
膚處於喝飽水分的狀態，促進肌膚細胞再
生，進而達到美白肌膚的功效。

香蕉橄欖油面膜　★適用：乾性、混合性及敏感性膚質

天然材料

香蕉 1 根、橄欖油 1/2 大匙。

輕鬆 D.I.Y

將香蕉去皮，放入容器中搗成糊狀，加橄欖油攪拌均勻即可。

使用方法

洗完臉後，將面膜均勻地敷在臉上，約 20 分鐘後用溫水洗淨。每週 1 次。

美膚功效

新鮮香蕉含有豐富的抗氧化成分，對於肌膚的活性氧自由基有很好的清除作用，具有滋潤肌膚、延緩衰老的功能；而橄欖油是眾所周知的潤膚聖品，非常易於吸收。香蕉搭配橄欖油使用，能養顏除皺、輕鬆抗氧化，並可有效預防臉部肌膚的暗沉。

美麗祕訣

香蕉能增強人體血漿抗氧化能力，所以經常食用能夠預防心血管疾病和延緩衰老。香蕉所含維生素 B_1、維生素 E 可促進肝臟對酒精的解毒功能，因此香蕉還有一定的解酒功效。

蕃薯蘋果芳香修復面膜 ★適用：敏感性膚質

天然材料

蕃薯、蘋果、蜂蜜各適量，玫瑰精油 2 滴。

輕鬆 D.I.Y

① 把蕃薯、蘋果洗淨切塊，放入果汁機中打成果泥。

② 將蜂蜜、玫瑰精油加入果泥，充分攪拌成糊狀。

使用方法

用溫水洗完臉後，用熱毛巾敷臉 3 分鐘，再取適量面膜均勻地塗抹在臉上，15 分鐘後用清水洗淨。每週 1～2 次。

美膚功效

蕃薯含有多種活性物質；蘋果富含水分及多種礦物質營養素；玫瑰精油可促進黑色素分解，淡化色斑，改善肌膚乾燥，恢復皮膚彈性。這款面膜具有絕佳的鎮靜修復、美白補水功效。

番茄奶粉面膜 ★適用：任何膚質

天然材料

番茄 1 個、奶粉適量。

輕鬆 D.I.Y

① 番茄洗淨，去蒂，去皮，搗成泥備用。

② 調入奶粉拌勻即可。

使用方法

洗完臉後，用熱毛巾敷臉，再將面膜均勻地敷在臉上，15～20 分鐘後用溫水洗淨。每週 2～3 次。

美膚功效

這款面膜中含有茄紅素，是一種超強的抗氧化物，具有很好的美白功效，還能防止曬黑，對抗自由基，修復紫外線造成的傷害。

黃瓜白芷美白面膜

★適用：任何膚質

天然材料

白芷 5 克，橄欖油、蜂蜜各 1 小匙，雞蛋 1 個，黃瓜 1 小段。

輕鬆 D.I.Y

① 將白芷放入研缽中研磨成粉。

② 黃瓜切小段，放入果汁機中攪打成泥狀。

③ 敲開雞蛋，取蛋黃。

④ 將蛋黃、蜂蜜、白芷粉、橄欖油與黃瓜泥一同攪拌均勻即可。

使用方法

用溫水洗完臉後，將調好的面膜均勻敷在臉上，避開眼周、唇部皮膚，10 〜 15 分鐘後，用溫水洗淨。每週可用 1 〜 2 次。

美膚功效

這款面膜能為肌膚補充水分，並在肌膚表面形成保護膜，防止水分流失，滋潤乾燥的肌膚，預防肌膚出現皺紋；也可淡化色斑，亮白膚色，令肌膚白裡透紅。

美麗祕訣

蛋黃中含有卵磷脂，卵磷脂是膚色暗沉和青春痘的剋星，能把脂類物質和水結合在一起，然後把它們分解成小顆粒，從而清除容易造成堵塞的毒素。卵磷脂還能讓肌膚得到更多的氧和水，是天然的肌膚守衛者。

白芷蜂蜜美白面膜 ｜ ★適用：任何膚質

天然材料

白芷粉 30 克、燕麥粉 15 克、蜂蜜 15 毫升、水適量。

輕鬆 D.I.Y

① 在白芷粉中加入適量的常溫水，調成糊狀。

② 將蜂蜜、燕麥粉加入白芷糊中，充分攪拌均勻即可。

使用方法

洗完臉後，將調好的面膜均勻塗在臉上，避開眼周、唇部皮膚，約 15 分鐘後，用清水洗淨即可。每週 1～2 次。

美膚功效

這款面膜可以清熱除痘、美白淡斑、滋潤保濕，還能去除角質，改善肌膚暗沉。

粉蜜美白面膜 ｜ ★適用：任何膚質

天然材料

杏仁粉 9 克，白芷粉 3 克，冰片（又稱龍腦香、梅片等）粉少許，麵粉 1 大匙，蜂蜜、溫水各適量。

輕鬆 D.I.Y

① 將杏仁粉、白芷粉、冰片粉過篩，留下細粉。

② 將細粉與麵粉調勻，保存在密封罐中。

③ 使用前，先將蜂蜜加少許溫水調至黏稠後，再取出罐中細粉與蜂蜜水調勻。

使用方法

洗完臉後，將這款面膜塗在臉上，避開眼周、唇部肌膚，10～15 分鐘後，用溫水澈底洗淨即可。每週 1～2 次。

美膚功效

這款面膜能有效收緊肌膚，防止皺紋的產生，使肌膚緊緻、美白。

蘆薈曬後修復面膜 ｜★適用：任何膚質

天然材料

蘆薈凝膠、乾燥甘菊花、維生素 E 油、水、薄荷精油各適量。

輕鬆 D.I.Y

① 將蘆薈凝膠與乾燥的甘菊花以 3：1 的比例調配，再加入適量純水，以小火加熱至甘菊花成散狀（注意水不要燒到沸騰），熄火。冷卻後濾出液體，倒入面膜碗中備用。

② 取 1 湯匙維生素 E 油與 3 滴薄荷精油混合調勻，倒入面膜碗中，攪拌均勻，放入冰箱冷藏保存即可。

使用方法

洗完臉後，取適量面膜敷在臉上，約 10 分鐘後，以清水澈底洗淨。每週 1 次。

美膚功效

本款面膜對於修復曬後受損肌膚具有很好的護理功效。

美麗祕訣

將蘆薈凝膠與水按照 1：3 的比例稀釋後，均勻塗在臉上，或者只塗抹在有斑點的部位，並充分按摩，1 天 3 次，白天塗得薄一些，晚上可以塗厚一些。只要這樣持續使用 3 個月，便能使色斑逐漸從臉上消退。

蘆薈保濕美白面膜　★適用：任何膚質

天然材料

蘆薈 1 片、雞蛋 1/2 個、白芨粉 1 大匙。

輕鬆 D.I.Y

① 將蘆薈洗淨，去刺，去皮，榨汁。

② 敲開雞蛋，取蛋白。

③ 將蘆薈汁、蛋白、白芨粉一同攪拌至均勻即可。

使用方法

洗完臉後，將面膜敷在臉上，避開眼周、唇部肌膚，約 15 ～ 20 分鐘後洗淨即可。每週使用 1 ～ 2 次。

美膚功效

這款面膜具有很好的美白、保濕功效，還能增加肌膚彈性。

蘆薈黃瓜雞蛋面膜　★適用：油性及痘痘膚質

天然材料

蘆薈 1 片、小黃瓜 1 根、雞蛋 1 個、麵粉 2 大匙。

輕鬆 D.I.Y

① 將蘆薈洗淨，去刺，去皮，榨汁，濾渣備用。

② 將黃瓜洗淨，切成小塊，用果汁機打成泥狀備用。

③ 雞蛋打散攪勻，和蘆薈汁、黃瓜泥、麵粉混合，拌勻即可。

使用方法

洗完臉後，用熱毛巾敷臉，再將面膜均勻地塗在臉上，20 分鐘後用溫水洗淨即可。每週 3 ～ 4 次。

美膚功效

這款面膜能美白保濕，清涼殺菌，並能有效滋養皮膚、抑制色素沉澱。

珍珠豆粉面膜

★適用： 油性及痘痘膚質

天然材料

黃豆粉、綠豆粉、珍珠粉各 1/2 大匙，水適量。

輕鬆 D.I.Y

① 將黃豆粉、綠豆粉和珍珠粉放入面膜碗中，混合均勻。

② 加入水，慢慢充分攪拌均勻至糊狀即可。

使用方法

洗完臉後，將調好的面膜均勻地塗在臉上，避開眼周、唇部肌膚，約 15 分鐘，用清水洗淨即可。每週 1 ～ 2 次。

美膚功效

珍珠不僅具有美白淡斑的功用，對於肌膚還有清熱的效果，與綠豆粉、黃豆粉搭配使用，能讓面膜的功效加倍，不僅可以清熱去痘、美白淡斑、滋潤保濕，還能夠去除臉部肌膚的角質，改善暗沉的膚質。

美麗祕訣

珍珠含有 20 多種胺基酸和多種微量元素。胺基酸能促進表皮組織各種細胞的增殖、生長、分裂，促進細胞對營養的吸收；銅和鋅等微量元素能激發超氧化物歧化酶（SOD）*的活性，達到清除自由基的作用，從而淡化色斑，對抗衰老。

在乾燥、多風的季節，做珍珠粉類的面膜，一定要輔以滋養性強的素材，例如蜂蜜、蘆薈、牛奶等，用以舒緩皮膚緊繃、乾裂的感覺。

* 超氧化物歧化酶：超氧化物歧化酶是一種重要的抗氧化物質，能夠將毒性高的超氧化物（自由基）轉化為毒性較低的雙氧水和氧氣，是人體對抗自由基的第一道防線，能夠保護細胞免受氧化損傷。

珍珠蘆薈面膜　┃★適用：任何膚質

天然材料

珍珠粉適量、蘆薈 1 小片。

輕鬆 D.I.Y

① 蘆薈洗淨，去刺，去皮，放入果汁機中攪
　打，濾渣取汁備用。

② 將珍珠粉放入蘆薈汁中拌成糊狀即可。

使用方法

洗完臉後，用熱毛巾敷臉，
再將面膜均勻地敷在臉上，
15 ～ 20 分鐘後用溫水洗淨。
每週 2 ～ 3 次。

美膚功效

蘆薈中含有許多能抑制體內脂質過氧化作用
的脂氧化酶類化合物，可以改善皮膚的血流
供應和微循環，激發上皮組織細胞新陳代謝
的活力，使肌膚緊緻、有彈性；珍珠粉中含
的胺基酸能最大量捕捉自由基，修復肌膚受
損細胞，使肌膚光滑白皙。

豌豆苗牛奶面膜　┃★適用：任何膚質

天然材料

豌豆苗 30 克、牛奶 3 小匙。

輕鬆 D.I.Y

① 豌豆苗洗淨，磨成泥狀。

② 在豌豆苗泥中慢慢加入牛奶，調至
　黏稠不易滴落的程度即可。

使用方法

洗完臉後，將調好的面膜均勻地敷在
臉上，避開眼周、唇部肌膚，約 15 分
鐘，用清水洗臉即可。每週 1 ～ 2 次。

美膚功效

這款面膜有很好的鎮定、消炎及美白
作用，能夠有效修復曬後肌膚，防止
紫外線對肌膚造成傷害。

苦瓜面膜 ★適用：中性、油性及混合性膚質

天然材料

苦瓜 1 根。

輕鬆 D.I.Y

① 將苦瓜洗淨，放入冰箱冷凍 20 分鐘。

② 將苦瓜取出，剖開，去除內瓤，切成小塊，用果汁機打成泥狀即可。

使用方法

洗完臉後，用熱毛巾敷臉，將面膜均勻塗在臉上，20 分鐘後用溫水輕柔洗淨。每週 2 ～ 3 次。

美膚功效

苦瓜的營養成分具有消炎殺菌、保濕美白的功效。如果長期使用，能夠去斑、除皺，還能為肌膚補充水分，進而達到淡化色斑的效果，令肌膚變得更加淨白和細緻。

美麗祕訣

苦瓜性寒，可消腫祛痱，殺菌止癢。用苦瓜汁擦拭皮膚，可治療濕疹、痤瘡感染、燙傷、蟲咬等。苦瓜中的苦瓜苷，有利於皮膚的新生和傷口癒合，能增強皮膚細胞的活力，有助於延緩皮膚老化，使臉部更加細緻。

花椰菜粥面膜 ｜★適用：任何膚質

花椰菜 100 克、白米 50 克。

① 將花椰菜洗淨，掰成小朵。

② 將米淘洗乾淨，放入鍋中煮粥，待粥將煮熟時，放入花椰菜，然後繼續煮至粥熟即可。

③ 待粥放涼後，盛入果汁機中，把花椰菜粥攪打成泥狀即可。

用溫水洗完臉後，將面膜均勻地敷在臉上，約 20 分鐘後用冷水洗淨。每週 2 ～ 3 次。

花椰菜含有豐富的抗氧化物質；白米對暗沉肌膚有亮白的功用。兩者搭配使用，能達到養顏、保濕、美白、抗氧化等功效。

白米薏仁面膜 ｜★適用：任何膚質

白米米粉 20 克、薏仁粉 15 克、檸檬汁 2 滴。

① 米粉和薏仁粉混合，加水調成糊狀。

② 加入檸檬汁調勻。

洗完臉後，用熱毛巾敷臉，再將面膜均勻地敷在臉上，15 ～ 20 分鐘後用溫水洗淨。每週 2 ～ 3 次。

這款面膜中含有水溶性蛋白，水解後，形成能夠被肌膚直接吸收的微小分子，幫助皮膚吸收更多的水分，修復受損肌膚，讓皮膚透亮，增加肌膚的活力和彈性。

豆腐酵母面膜 | ★適用：任何膚質

天然材料

北豆腐 *30 克、酵母 5 克。

輕鬆 D.I.Y

① 將北豆腐沖洗乾淨，捏碎。

② 加入酵母調勻即可。

使用方法

洗完臉後，用熱毛巾敷臉，再將面膜均勻地敷在臉上，15 ～ 20 分鐘後用溫水洗淨。每週 2 ～ 3 次即可。

美麗祕訣

美膚功效

這款面膜中含有豐富的大豆異黃酮，它是一種植物性雌激素，是天然的荷爾蒙，能延緩皮膚老化。

此外，面膜中還含有卵磷脂和維生素 E，兩者搭配便能發揮抗氧化的作用，可以保護並潤澤肌膚，防止黑色素生成；如果能持續使用，就可以讓皮膚變得白嫩有光澤。

* 北豆腐：即一般的老豆腐、硬豆腐。以鹽鹵作為凝固劑，和其他種類的豆腐相比，其蛋白質含量最高，同時也保留較多的營養成分。

酵母菌是一類單細胞真菌，對急於進行肌膚保養的人來説，酵母除含有各種維生素外，最具價值的，是含有一種叫對氨基苯丙酸的物質，它能夠提高皮膚的防曬能力，增加皮膚彈性。

牛奶酵母美白面膜 ┃ ★適用：任何膚質

天然材料

牛奶 4 大匙、酵母粉 1 小匙。

輕鬆 D.I.Y

將牛奶加熱，加入酵母粉，充分攪拌均勻即可。

使用方法

洗完臉後，將面膜均勻地塗在臉上，避開眼周、唇部肌膚，約 20 分鐘後用溫水洗淨。每週 2 次。

美膚功效

牛奶是自製美白保養品中經常用到的材料，它可以使肌膚變得光澤、白皙，還有保濕的作用；酵母含有各種維生素，具有抑制黑色素合成的功效，能夠使肌膚細嫩、光滑，常被用於黑斑的治療；而酵母與牛奶共同含有的維生素 C，亦能有效抑制黑色素的生成，並且能被人體充分吸收，達到美白的功效，讓肌膚煥發光采。

優酪乳麥片面膜 ┃ ★適用：油性膚質

天然材料

優酪乳 30 克、燕麥片 10 克。

輕鬆 D.I.Y

將優酪乳加入燕麥片中調勻。

使用方法

洗完臉後，將面膜均勻地敷在臉上，約 20 分鐘後用溫水洗淨。

美膚功效

優酪乳中含有乳酸菌，可以分解油脂。而優酪乳和燕麥片中含有的維生素 E 等活性物質，又具有很好的抗氧化功能，對皮膚也有去斑美白的效果。長期使用這款面膜，不但可以美白淡斑，還能延緩肌膚老化。

珍珠粉薰衣草美白面膜

★適用： 任何膚質

天然材料

珍珠粉 1 大匙、蜂蜜 1 小匙、薰衣草精油 3 滴、水適量。

輕鬆 D.I.Y

珍珠粉、蜂蜜、薰衣草精油調勻，根據情況慢慢加入少許水調節濃稠度，感覺正好能敷在臉上又不會太稀而流下來即可。

使用方法

用溫水洗完臉後，將面膜均勻地敷在臉上，30 分鐘後再用清水洗淨。每週 2 ～ 3 次。

美膚功效

珍珠粉具有很好的美白功效，能使肌膚變得柔嫩白皙，搭配薰衣草精油來長期使用，可以達到美白、潤膚、舒緩精神的功效。

美麗祕訣

薰衣草精油也能治療痘痘，可以拿棉花棒蘸取薰衣草精油，直接塗在痘痘和痘疤的地方。

另外，也可以用 5 滴薰衣草精油配上 10 毫升基礎油的混合油來做為擦臉油或者按摩油使用，基礎油可選用荷荷芭油、葡萄籽油等。

珍珠粉修復美白面膜　★適用：任何膚質

天然材料

珍珠粉 2 大匙、玉米粉 1 小匙、麵粉 2 小匙、洋甘菊精油 3 滴、天竺葵精油 2 滴、水少許。

輕鬆 D.I.Y

把所有材料一同倒在面膜碗中，充分攪拌均勻，達到稀薄適中、易於敷用的糊狀即可。

使用方法

洗完臉後，將調製好的面膜均勻地塗抹在臉上，約 15 分鐘後用清水沖洗乾淨，並進行肌膚的曬後修復護理。每週 2 ～ 3 次。

美膚功效

本款面膜具有舒緩、鎮靜、美白、亮白膚色的作用。

玫瑰檀香面膜　★適用：中性膚質

天然材料

玫瑰精油、薰衣草精油、檀香精油、天竺葵精油各 1 滴，鮮奶 80 毫升。

輕鬆 D.I.Y

① 將鮮奶倒入面膜碗中，滴入各精油攪拌均勻。

② 取壓縮面膜紙放入，待面膜紙吸飽後即可。

使用方法

用溫水洗完臉後，將吸飽面膜液的面膜紙敷在臉上，約 25 分鐘後，揭下面膜紙，再用清水一邊按摩一邊洗淨。每週 2 ～ 3 次。

美膚功效

本款面膜具有很好的鎮靜、滋潤、美白功效。

橙花玫瑰燕麥面膜 | ★適用：乾性膚質

天然材料

橙花精油、玫瑰精油各 5 滴，甘油 8 毫升，燕麥 25 克。

輕鬆 D.I.Y

① 將燕麥研磨成粉末。

② 將所有材料放入乾淨容器中充分混合，加適量水攪拌成糊狀即可。

使用方法

用溫水洗完臉後，將調好的面膜均勻塗在臉上，約 15 分鐘後用清水洗淨即可。每週 2 ～ 3 次。

美膚功效

玫瑰精油能抑制皺紋產生，是絕佳的抗老保養品；橙花精油具有獨特的氣味，可以消除神經緊張、緩解煩躁情緒；燕麥具有抗氧化作用。三者搭配使用，長久下來，可以深層滋養肌膚，舒緩肌膚壓力，讓肌膚白皙、充滿彈性。

美麗祕訣

玫瑰精油被稱為「精油之后」，能抗敏感、保濕，消除黑眼圈皺紋、妊娠紋，對乾性、敏感性或老化的肌膚幫助最為顯著。每天早上洗臉時，可以滴 1 滴玫瑰精油在溫水中，浸透毛巾後按敷臉部，可延緩老化，保持肌膚透亮光澤。

另外，女性在生理期時，也可試著用玫瑰精油 2 滴、天竺葵精油 2 滴、基礎油 5 毫升，調製成按摩油，以順時針方向輕輕按摩下腹部，可有效緩解經痛。

Part 6 凍齡緊緻面膜
只要青春不要「皺」

Natural & Healthy Mask

凍齡緊緻
活化修復嬰兒裸肌

為什麼肌膚會鬆弛，為什麼皺紋會出現呢？

這是由我們的肌膚細胞所決定的。

細胞和細胞之間的纖維，隨著時間的流逝而慢慢退化，讓肌膚失去了彈性；而皮下脂肪流失也使得肌膚失去了支撐，因而變得鬆垮下垂；支撐皮膚的肌肉鬆弛了，皮膚本身也會跟著鬆弛起來。

另外，再加上各種外在因素的影響，更加快了皮膚鬆弛的速度，例如：地心引力、遺傳、抽菸、陽光的照射、甚至是心理上的壓力等，都會促使皮膚結構失去彈性，變得鬆弛。對女性來說，最先會被注意到的，就是臉部的細紋。

抗皺緊緻，活化細胞

對於肌膚的鬆弛與皺紋，抗老緊緻面膜能發揮緊緻拉提的功效，能針對鬆弛或剛開始出現老化症狀的肌膚；其次，還能抵抗皺紋、對抗老化，淡化臉部細紋，加強肌膚細胞組織活化，增加皮膚彈性和光澤。

抗老化，加強肌膚修復

抗老面膜還能為肌膚提供各種營養成分。例如，銀耳、珍珠粉等，能供應多種胺基酸、維生素（如維生素 A、維生素 E）等，可以促使皮膚小動脈擴張，增強皮膚微血管抵抗力、改善循環，同時提供營養。

另外，某些凍齡緊緻面膜也能提供膠原蛋白 * 的補充，一旦身體獲得足夠的膠原蛋白，即能修復受傷的組織，提升細胞新陳代謝，讓肌膚恢復緊實彈性。

* 膠原蛋白：有人稱其為「構造蛋白質」，是人體細胞的支架。膠原蛋白在人體內約佔蛋白質的 1/3，主要存在於結締組織中的細胞外間質，能使皮膚保持彈性；膠原蛋白的老化或缺乏，將會造成肌膚鬆弛與皺紋的出現

保溼，抗皺關鍵

皺紋的出現，常常與肌膚過於乾燥有關，而水分是防止皮膚產生皺紋的重要因子。所以，自製凍齡緊緻面膜也常出現一些具有保溼功效的素材，藉由提供維

生素 A、維生素 D、維生素 E 等，讓肌膚隨時保持水潤滑嫩，從根本上杜絕細紋出現的可能。

凍齡緊緻面膜常用材料大公開

雞蛋
雞蛋含有豐富的蛋白質，能有效滋養、緊實肌膚，是不可多得的護膚材料；尤其是蛋白，其胺基酸的組成與人體最接近，還有清熱解毒、消炎、保護皮膚和增強皮膚免疫功能的作用。

紅酒
紅酒是近來流行的美容聖品，具有抗氧化和促進血液循環的作用，能延緩肌膚老化，令膚色紅潤，還能軟化角質，使肌膚柔嫩光澤。

木瓜
木瓜含有豐富的木瓜醇素和胡蘿蔔素等成分，可以軟化肌膚角質，使皮膚光滑細緻。

銀耳
銀耳做的面膜具有類似人體膠原蛋白的成分，能緊緻肌膚、消除皺紋，讓肌膚變得光澤而有彈性，並對抗外界的乾燥環境，防止肌膚缺水。

豆腐
豆腐含有豐富的大豆異黃酮，具有抗氧化的作用，能讓暗沉的肌膚恢復光澤。
豆腐還含有天然的植物乳化劑——卵磷脂，它是細胞膜的主要成分之一，補充卵磷脂，能幫助修補受損的細胞膜，活化細胞機能，強化肌膚的保濕效果；豆腐加上酵母粉調和成的面膜，能加強肌膚抵抗外在因子侵擾的能力。

維生素E
維生素 E 具有很好抗氧化能力，能從根本上強化肌膚的保護能力，避免肌膚過早老化與並防止脂褐素的沉澱；此外，它也有很好的潤膚效果，並且能淡化肌膚細紋。目前市面上所售的維生素 E 一般是膠囊的形式，使用起來非常方便。

凍齡緊緻面膜注意事項

清潔動作要輕柔

在敷凍齡緊緻面膜之前的清潔過程中，一定要注意清洗動作的「輕柔」，用中指和無名指的指腹輕輕清洗，千萬不可用力過度，否則會對肌膚造成過度拉扯，進一步加重肌膚鬆弛和細紋的症狀。另外，選用的毛巾也不可過於粗糙，以免對肌膚造成傷害。

面膜素材必須要求高品質

凍齡緊緻面膜對於自製素材的品質要求是最高的！在挑選所使用的蔬果材料時，一定要注意以下兩點：

色澤要自然：例如柑橘類和木瓜，就要選擇橘紅色的；偏黃色的品質通常較差。

形狀要飽滿：例如芒果，飽滿則果肉較多。

搭配按摩的輔助

對於因缺水而出現的臨時性乾紋、小細紋（假性皺紋），凍齡緊緻面膜和保濕面膜都可以有效解決；但如果是已經形成的深紋（定性皺紋），則很難通過一兩次的面膜護理而有所改善，這時候必須搭配上按摩的輔助，讓肌膚真正深層滋養，重新煥發活力，並防止更多表情紋的出現。

面膜護理後，鎖水是關鍵

凍齡緊緻的關鍵是防止肌膚水分和養分的流失，因此，敷完面膜後的「鎖水」更是使用凍齡緊緻面膜的最大重點。

在敷完面膜後，將臉部清洗乾淨後，一定要趁臉部仍然濕潤的時候使用保濕產品進行正確的鎖水護理，將肌膚調理到油水平衡的最佳狀態，才能真正讓肌膚得到自我保護。

凍齡緊緻面膜
Anti Aging Mask

自製膠原蛋白面膜　★適用：任何膚質

天然材料

豬蹄 1 支、水適量。

輕鬆 D.I.Y

① 將豬蹄洗淨，剁成小塊，放入煮滾的水中汆燙，撈出，用清水洗淨。

② 鍋內倒入清水，放入豬蹄，用大火煮滾，然後轉小火煮約 1 小時，待豬蹄軟爛、成膏狀即可。

使用方法

洗完臉後，用熱毛巾敷臉，將面膜均勻地塗在臉上，避開眼周和唇部肌膚，10～15分鐘後，用溫水洗淨。每週1～2 次。

美膚功效

這款面膜中的豬蹄含有豐富的膠原蛋白，能為肌膚提供充足的營養，從而讓肌膚看起來非常水嫩，摸起來光滑、有彈性。

咖啡蛋白杏仁緊緻面膜

★適用：油性及痘痘膚質

天然材料

杏仁 25 克、咖啡粉 1 大匙、雞蛋 1 個。

輕鬆 D.I.Y

① 杏仁用熱水泡軟後碾成泥。

② 雞蛋敲開，取蛋白備用。

③ 將咖啡粉、杏仁泥以及蛋白混合，攪拌均勻即可。

使用方法

洗完臉後，用熱毛巾敷臉，將面膜均勻地塗在臉上，避開眼周和唇部肌膚，15 ～ 20 分鐘後，用溫水洗淨。每兩周可使用 1 次。

美膚功效

這款面膜中將咖啡、蛋白和杏仁搭配使用，能有效淡化臉部色斑，撫平皺紋。

美麗祕訣

洗臉時最好用 32℃ 左右溫水，用手搓揉出大量泡沫按摩臉部，之後再用清水洗淨，毛巾按乾，然後立刻使用化妝水滋潤保溼。

肌膚的問題，有時候是來自於生活的壓力。壓力過大會導致內分泌失調、肌膚失去彈性、免疫力下降、肌膚紋路越來越粗糙、毛孔也變得粗大，所以，要處理好生活與工作中的壓力，避免讓情緒與壓力影響到身體健康。

檸檬蛋白緊緻面膜

★適用：任何膚質

天然材料

雞蛋 1 個、檸檬汁 1 小匙。

輕鬆 D.I.Y

① 敲開雞蛋，取蛋白。

② 在蛋白中加入檸檬汁，充分攪拌均勻即可。

美膚功效

這款面膜能有效收縮毛孔，增加肌膚彈性，使臉部肌膚緊實、嫩白。

使用方法

洗完臉後，用熱毛巾敷臉，將面膜均勻地塗在臉上，避開眼周和唇部肌膚，20 分鐘後，用溫水洗淨。每週 1 ～ 3 次。

蛋白蜂蜜面膜

★適用：任何膚質

天然材料

雞蛋 1 個、蜂蜜 2 小匙。

輕鬆 D.I.Y

① 將雞蛋敲開，取蛋白備用。

② 加入蜂蜜攪拌均勻即可。

使用方法

洗完臉後，用熱毛巾敷臉，將面膜均勻地塗在臉上，避開眼周和唇部肌膚，10 ～ 15 分鐘後，用溫水洗淨。每週 1 ～ 2 次。

美膚功效

這款面膜中將蛋白和蜂蜜搭配使用，既能滋潤肌膚，又能增強肌膚彈性。

奶酪蛋白緊緻面膜

★適用：任何膚質

天然材料

奶酪 1 大匙、雞蛋 1 個。

輕鬆 D.I.Y

① 敲開雞蛋，取蛋白，盛入面膜碗中。

② 將奶酪搗碎，加入蛋白中，一起攪拌均勻即可。

使用方法

洗完臉後，用熱毛巾敷臉，將面膜均勻地塗在臉上，避開眼周和唇部肌膚，10～15 分鐘後，用溫水洗淨。每週 1～2 次。

美膚功效

這款面膜具有很好的潤膚及收斂功效，能夠為肌膚補充營養與水分，還能夠延緩肌膚老化，防止臉部皺紋的產生。

蜂蜜杏仁面膜 ★適用：任何膚質

天然材料

蜂蜜 1 大匙、杏仁 15 克。

輕鬆 D.I.Y

① 杏仁洗淨，用熱水泡軟後碾成泥。

② 加入蜂蜜，拌勻即可。

使用方法

洗完臉後，用熱毛巾敷臉，將面膜均勻地塗在臉上，避開眼周和唇部肌膚，10～15 分鐘後，用溫水洗淨。每週 1～2 次。

美膚功效

這款面膜能使肌膚變得柔嫩有彈性，快速恢復臉部營養和水分，預防皮膚乾燥、老化，讓肌膚保持緊實和活力；此外，它還能淡化黑斑和部分臉部斑點，並能延緩肌膚細胞的老化。

蜂蜜小蘇打緊緻面膜

★適用：中性膚質

天然材料

蜂蜜 2 大匙、小蘇打粉 1/2 小匙。

輕鬆 D.I.Y

將蜂蜜、小蘇打粉一同放入面膜碗中攪拌均勻即可。

使用方法

洗完臉後，用熱毛巾敷臉，將面膜均勻地塗在臉上，避開眼周和唇部肌膚，輕拍整臉，直至感覺有點黏為止，約 15 分鐘後，用清水洗淨。每週 1 次。

美膚功效

這款面膜能有效滋潤肌膚，淡化皺紋，並能增加肌膚彈性與活力。

蜂蜜牛奶緊緻面膜

★適用：任何膚質

天然材料

雞蛋 1 顆、蜂蜜 1 大匙、奶粉 3 大匙、維生素 E 膠囊 1 粒。

輕鬆 D.I.Y

① 敲開雞蛋，取蛋白。
② 將維生素 E 膠囊刺破，取出油。
③ 把維生素 E 油、蛋白、蜂蜜、奶粉一起混合均勻即可。

使用方法

洗完臉後，用熱毛巾敷臉，將面膜均勻地塗在臉上，避開眼周和唇部肌膚，15 分鐘後，用溫水洗淨。每週 1～2 次。

美膚功效

這款面膜能有效改善肌膚鬆弛的現象，使肌膚柔軟、光滑。

蛋黃橄欖油緊緻面膜 ｜★適用：乾性膚質

天然材料

雞蛋 1 個、橄欖油 1 大匙。

輕鬆 D.I.Y

① 敲開雞蛋，取蛋黃，並將蛋黃打散。

② 將橄欖油、蛋黃汁液放入容器中，充分攪拌均勻。

使用方法

洗完臉後，用熱毛巾敷臉，將面膜均勻地塗在臉上，避開眼周和唇部肌膚，10～15分鐘後，用溫水洗淨。每週1～2次。

美膚功效

橄欖油具有很好的滋潤效果，能夠有效除皺緊緻；搭配具有抗老化功能的蛋黃，緊緻功效更為顯著。

美麗祕訣

橄欖油是純天然的植物精華，有著「液體黃金」的美譽，性質溫和且不刺激，其精華成分能夠很容易地溶解毛孔內汙垢及油性彩妝，任何部位都可以使用。

另外，乾性肌膚的基礎保養祕訣是：多運動，控制飲食，少喝刺激性飲料，隨時隨地為肌膚補充水分，做好肌膚保濕工作。

蕃薯優酪乳緊緻面膜 ｜ ★適用：任何膚質

天然材料
蕃薯 1 顆、優酪乳 1 杯。

輕鬆 D.I.Y
1. 蕃薯去皮，洗淨，蒸 30 分鐘，直至軟爛。
2. 將軟爛的蕃薯切成小塊，放入果汁機中，再倒入優酪乳，攪拌均勻。
3. 將攪拌好的面膜倒入玻璃器皿中，待冷卻後即可。

使用方法
洗完臉後，用熱毛巾敷臉，將面膜均勻地塗在臉上，避開眼周和唇部肌膚，15 分鐘後，用溫水洗淨。每週 1 ～ 2 次。

美膚功效
這款面膜能有效去除痘痘，收斂毛孔，使肌膚光滑、柔嫩。

紅豆泥緊緻面膜 ｜ ★適用：油性膚質

天然材料
紅豆 100 克、水適量。

輕鬆 D.I.Y
1. 將紅豆洗淨，放入煮滾的水中，再加適量的水煮至熟軟。
2. 將煮好的紅豆放入果汁機中充分攪打成泥狀，冷卻備用。

使用方法
洗完臉後，用熱毛巾敷臉，將面膜均勻塗在臉上，避開眼周和唇部肌膚，15 分鐘後，用溫水洗淨。每週 1 ～ 2 次。

美膚功效
這款面膜具有收斂毛孔的效果，能使肌膚不再泛油光。

葡萄木瓜緊緻面膜

★適用：**除敏感性膚質外**均適用

 天然材料

葡萄（可選用無籽葡萄）適量、木瓜 1 小塊、
紅酒 1 小匙。

 輕鬆 D.I.Y

① 將葡萄洗淨；木瓜洗淨，去皮，切塊。
　二者一同放入果汁機中攪打成泥。

② 加入紅酒，然後充分攪拌均勻即可。

 使用方法

洗完臉後，用熱毛巾敷臉，將面膜均勻地塗
在臉上，避開眼周和唇部肌膚，10 ～ 15 分
鐘後，用溫水洗淨。每週 1 ～ 2 次。

 美膚功效

這款面膜含有抗老化的花青素，能延緩肌膚
老化，防止皺紋產生，具有美白、潤膚的功
效，也能使鬆弛的肌膚重新變得緊緻。

美麗
祕訣

葡萄果肉中含有水溶性維生素，能使肌膚水嫩、白皙、富有彈性；葡萄籽具有
柔軟及保濕肌膚的功效；葡萄籽和葡萄皮中含有的大量葡萄多酚（前花青素）
則具有強化和促進血液循環、保護肌膚的膠原蛋白和彈性蛋白、抗氧化、防止
紫外線傷害等功用。

維生素 C 黃瓜緊緻面膜

★適用：各種膚質，尤其是油性及問題膚質

天然材料

維生素 C 片 1 片、黃瓜 1/2 根、橄欖油 1 小匙。

輕鬆 D.I.Y

① 黃瓜洗淨，去皮，放入果汁機中攪打成泥。

② 維生素 C 片研磨成細粉。

③ 將維生素 C 粉末、橄欖油加入黃瓜泥中，充分攪拌均勻，調成泥狀即可。

使用方法

洗完臉後，用熱毛巾敷臉，將面膜均勻地塗在臉上，避開眼周和唇部肌膚，20 分鐘後，用溫水洗淨。每週 1～2 次。

美膚功效

這款面膜能有效收斂毛孔，控制肌膚出油，達到滋潤、美白肌膚的功效。

黑蜜李橄欖油蜂蜜面膜

★適用：乾性膚質

天然材料

黑蜜李 1 個，蜂蜜、橄欖油各適量。

輕鬆 D.I.Y

① 將黑蜜李洗淨，去核，放入果汁機中攪打成泥。

② 將蜂蜜、橄欖油加入黑蜜李泥中，調勻即可。

使用方法

用溫水洗完臉後，將面膜均勻地敷在臉上，約 20 分鐘後用手輕輕按摩臉部，然後一邊按摩一邊用溫水沖洗。每週 2～3 次。

美膚功效

黑蜜李含有一種強而有力的抗氧化成分——花青素，可以保護並修復人體的膠原蛋白與彈性蛋白，並因此能幫助肌膚保持緊實彈性。

菠菜珍珠粉面膜

★適用：油性及痘痘膚質

天然材料

菠菜 100 克、珍珠粉 50 克。

輕鬆 D.I.Y

① 菠菜洗淨，汆燙一下，撈出，放涼後再用果汁機打成漿狀備用。

② 將珍珠粉倒入菠菜漿中攪拌均勻即可。

使用方法

洗完臉後，將面膜均勻地塗在臉上，待 15 ～ 30 分鐘後用冷水洗淨即可。每週 l ～ 2 次。

美膚功效

菠菜能吸收有害的自由基，將新鮮養分和氧氣送到臉部表皮，使肌膚嬌嫩白皙、紅潤有光澤；珍珠粉細緻潤澤，能使皮膚光滑有彈性，還有消斑除皺的功效。這款面膜，可以令皮膚更有彈性。

美麗祕訣

經常食用菠菜便能為身體增加大量的抗氧化劑，既能活化大腦功能，又可增強活力。

不過值得注意的是，以菠菜做面膜前，一定要用大量清水澈底清洗，盡量避免農藥殘留，否則可能反而會傷害肌膚。

玉米綠豆緊緻面膜

★適用：油性及混合性膚質

天然材料

鹽 2 小匙，玉米片、綠豆各 2 大匙。

輕鬆 D.I.Y

① 玉米片、綠豆分別浸泡約 1 小時。

② 將綠豆倒入果汁機中打成糊狀備用。

③ 將浸泡成糊狀的玉米片加到綠豆糊中，加鹽攪拌均勻即可。

使用方法

洗完臉後，用熱毛巾敷臉，將面膜均勻地塗在臉上，避開眼周和唇部肌膚，15 分鐘後，用溫水洗淨。每週 1 ～ 3 次。

美膚功效

這款面膜能夠為肌膚消炎、除痘，對眼角的魚尾紋和髮際處的皺紋有淡化功效，也可令肌膚緊緻，還能收斂粗大的毛孔。

美麗祕訣

毛孔大小是與生俱來的，但是日常的保養多少也可以解決毛孔問題——用蒸汽蒸臉就是一個有效的方法：用杯子裝水，再用微波爐加熱後，將蒸汽對準臉上有毛孔問題的部位蒸薰，可以軟化毛孔裡所含的髒汙，之後再洗臉效果更好。

燕麥緊緻面膜

★適用：任何膚質

天然材料

燕麥粉 2 大匙、水 1/2 杯。

輕鬆 D.I.Y

① 將燕麥粉加入水中，放入鍋中煮 5
分鐘。

② 將煮好的燕麥糊稍微放置幾分鐘，
待溫度適宜時再用即可。

使用方法

洗完臉後，用熱毛巾敷臉，將面膜均
勻地塗在臉上，避開眼周和唇部肌
膚，15 分鐘後，用溫水洗淨。每週
1 次。

美膚功效

這款面膜可有效滋潤、美白肌膚，使
肌膚更加細膩、緊實、有彈性。

美麗
祕訣

燕麥含有豐富的維生素和蛋白質，能夠滋潤龜裂和乾燥的肌膚。

冬天的時候氣候乾燥，將燕麥粉 2 大匙與檸檬汁一顆的分量來搭配泡澡，可
以使全身上下倍感滋潤。

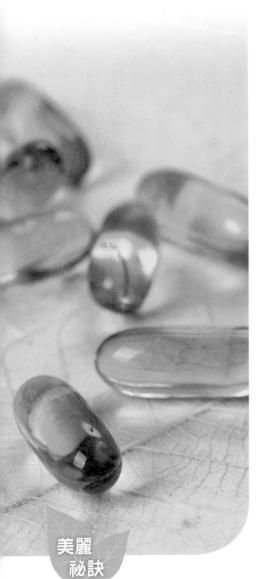

美麗
祕訣

鯊魚油面膜

★適用：任何膚質

天然材料

鯊魚油膠囊 1 個。

輕鬆 D.I.Y

① 取出一個鯊魚油膠囊。

② 用牙籤刺破，擠出汁液。

使用方法

洗完臉後，用熱毛巾敷臉，將鯊魚油均勻地塗在臉上，避開眼周和唇部肌膚，10 〜 15 分鐘後，用溫水洗淨。每週 1 〜 2 次。

美膚功效

這是一款極佳的抗老面膜，其中含有角鯊烯和角鯊烷這兩種成分。角鯊烯具有抗氧化功效，能讓肌膚進行修復；而角鯊烷則是一種惰性很強的油脂，它能夠保護肌膚的營養成分不流失。

「角鯊烯」最初是由深海鯊魚肝油中所提煉而出，故得此名。其具有滲透、擴散和殺菌作用，人體皮膚本身也會分泌角鯊烯，用以維護皮膚的柔軟滑嫩；「角鯊烷」則是角鯊烯的氫化物，其具有絕佳的親膚性，能強力滲透，使肌膚快速吸收，並形成鎖水保護膜，同時，由於其高度的穩定性，不會產生過敏、光敏、氧化變質等問題。

鯊魚油面膜非常適合上了年紀而皮膚吸收變得緩慢的人，它能快速吸收、避免變質的特性，可以有效鎖住肌膚所需要的養分。

局部面膜
打造全方位的完美肌膚

眼膜　一般敷面膜時都會盡量避開眼周肌膚，因為這裡的皮膚非常薄，對外界刺激特別敏感；也由於眼周肌膚的吸收力較弱，過多的營養反而可能會形成脂肪粒——所以，必須藉由專用眼膜護理。

茶葉眼膜 ┃ ★適用：任何膚質

天然材料：綠茶茶葉 1 匙，化妝棉 1 片（也可用面膜紙剪成小塊代替）。

輕鬆 D.I.Y：將茶葉倒入壺中，加入適量熱水，等待 3 分鐘即可。

使用方法：化妝棉放入茶水中沾濕，敷於眼部，10 ～ 15 分鐘後取下，用清水洗淨殘餘茶水。每週 1 次。

美膚功效：茶葉有很好的收斂作用，還可以減輕黑眼圈與眼袋。但請注意，要用綠茶，**禁用紅茶**，否則會造成色素沉澱；另外，**切不可頻繁使用**，使用後也一定要清洗乾淨，否則反而會因茶葉鹼而造成肌膚傷害。

唇膜　嘴唇是非常脆弱的器官，角質層非常薄，沒有汗腺和皮脂腺，自我保護能力較弱，對外在環境極為敏感，乾燥脫皮是唇部肌膚最常見的問題——透過唇膜，便能提供絕佳的保濕補水能力。

蜂蜜唇膜 ┃ ★適用：任何膚質

天然材料：蜂蠟 1 匙，蜂蜜 6 匙，天然植物油 2 匙，簡易乳化劑少許。

輕鬆 D.I.Y：將植物油加上蜂蜜及蜂蠟，置於碗中，放入微波爐或鍋子中隔水加熱 1 ～ 2 分鐘，直到蜂蠟化開為止。之後趁熱倒入面霜罐中，再加上簡易乳化劑用力搖晃均勻，放涼，凝固即可。

使用方法：將調製好的護唇蜜隨時塗抹於唇部肌膚，20 分鐘後洗淨。寒冷乾燥的季節可每天 1 次。

美膚功效：蜂蜜能保濕滋潤唇部、使唇部柔亮而有光澤，尤其對常年乾燥的嘴唇，非常有效。

鼻膜 鼻子肌膚最大的問題就是「黑頭粉刺」，尤其油性肌膚更是如此。黑頭粉刺的成因，是由於肌膚油脂分泌旺盛，皮脂、細胞屑和細菌阻塞在毛囊開口處，再加上空氣中塵埃、汙垢和氧化作用的影響，最終形成了難看的黑頭粉刺。

鼻膜一般是撕除式的，通過外力的作用來消除黑頭粉刺。

蛋白鼻膜 ｜★適用：敏感膚質慎用

天然材料：雞蛋 1 個，化妝棉 1 片（也可用面膜紙剪成小塊代替）。

輕鬆 D.I.Y：敲開雞蛋，取蛋白放置於容器中。接著將化妝棉撕薄一些，放入蛋白裡即可。

使用方法：把浸滿了蛋白的化妝棉取出，稍稍瀝乾，然後輕輕貼在鼻頭上。10 ～ 15 分鐘後化妝棉會變乾，此時再小心地撕下。 2 週 1 次。

美膚功效：蛋白具有極佳的吸附能力，待乾時撕下，能將鼻頭的黑頭粉刺吸附出來，清潔功效極佳。但注意**不要頻繁使用**。

頸膜 頸部是最容易出現皺紋的部位！因為人們常忽視頸部的保養，卻又因此處活動頻繁，皮脂腺和汗腺數量又只有臉部的三分之一，細薄脆弱，很容易因缺水而出現乾紋──所以，頸膜護理非常重要。

蔬果汁頸膜 ｜★適用：任何膚質

天然材料：黃瓜 1/2 個，番茄 1 個，蘋果 1 個。

輕鬆 D.I.Y：黃瓜、番茄、蘋果洗淨，去皮，放入果汁機中打成蔬果汁。接著將蔬果汁倒出，攪勻即可。

使用方法：先以臉部清潔產品將頸部澈底洗淨，在肌膚仍濕潤時，將頸膜均勻塗在頸部，並且可以包上保鮮膜，延緩蔬果汁的揮發。20 分鐘後洗淨。每週 1 ～ 2 次。

美膚功效：這款頸膜具有很好的保濕功效，能防止頸部乾紋的出現，此外，還能幫助去除頸部陳舊的角質和死皮，讓頸部肌膚變得嫩滑。

自製健康天然面膜大全

清潔、保溼、除痘、美白、緊緻五部曲，打造無齡美肌膜力

作　　者：何　瓊

發 行 人：林敬彬
主　　編：楊安瑜
責任編輯：陳亮均
助理編輯：黃亭維
內頁編排：張慧敏（艾草創意設計有限公司）
封面設計：張慧敏（艾草創意設計有限公司）
出　　版：大都會文化事業有限公司
發　　行：大都會文化事業有限公司
　　　　　11051 台北市信義區基隆路一段 432 號 4 樓之 9
　　　　　讀者服務專線：（02）27235216
　　　　　讀者服務傳真：（02）27235220
　　　　　電子郵件信箱：metro@ms21.hinet.net
　　　　　網　　　址：www.metrobook.com.tw
郵政劃撥：14050529 大都會文化事業有限公司
出版日期：2013 年 6 月初版一刷
定　　價：300 元
I S B N：978-986-6152-80-1
書　　號：Health+46

自製健康天然面膜大全：清潔、保溼、除痘、美白、緊緻五部
曲，打造無齡美肌膜力 / 何瓊 著 . -- 初版 . -- 臺北市：
大都會文化, 2013.06
160 面；23×17 公分 . -- (Health+46)
ISBN 978-986-6152-80-1（平裝）
1. 化粧品 2. 皮膚美容學

425.4　　　　　　　　　　　　　　　　　102008927

大都會文化　讀者服務卡

書名：自製健康天然面膜大全

謝謝您選擇了這本書！期待您的支持與建議，讓我們能有更多聯繫與互動的機會。

日後您將可不定期收到本公司的新書資訊及特惠活動訊息。

A. 您在何時購得本書：_____ 年_____ 月_____ 日

B. 您在何處購得本書：_____ 書店（便利超商、量販店），位於_____（市、縣）

C. 您從哪裡得知本書的消息：1. □書店2. □報章雜誌3. □電台活動4. □網路資訊
　　5. □書籤宣傳品等6. □親友介紹7. □書評8. □其他_____

D. 您購買本書的動機：（可複選）1. □對主題和內容感興趣2. □工作需要3. □生活需要
　　4. □自我進修5. □內容為流行熱門話題6. □其他_____

E. 您最喜歡本書的：（可複選）1. □內容題材2. □字體大小3. □翻譯文筆4. □封面
　　5. □編排方式6. □其他_____

F. 您認為本書的封面：1. □非常出色2. □普通3. □毫不起眼4. □其他_____

G. 您認為本書的編排：1. □非常出色2. □普通3. □毫不起眼4. □其他_____

H. 您通常以哪些方式購書：（可複選）1. □逛書店2. □書展3. □劃撥郵購4. □團體訂購
　　5. □網路購書6. □其他_____

I. 您希望我們出版哪類書籍：（可複選）1. □旅遊2. □流行文化3. □生活休閒
　　4. □美容保養5. □散文小品6. □科學新知7. □藝術音樂8. □致富理財9. □工商管理
　　10. □科幻推理11. □史地類12. □勵志傳記13. □電影小說14. □語言學習（____語）
　　15. □幽默諧趣16. □其他_____

J. 您對本書（系）的建議：_____
　　_____

K. 您對本出版社的建議：_____
　　_____

讀者小檔案

姓名：_____ 性別：□男□女 生日：____年____月____日

年齡：□20歲以下□20～30歲□31～40歲□41～50歲□50歲以上

職業：1. □學生2. □軍公教3. □大眾傳播4. □服務業5. □金融業6. □製造業
　　　7. □資訊業8. □自由業9. □家管10. □退休11. □其他_____

學歷：□國小或以下□國中□高中／高職□大學／大專□研究所以上

通訊地址：_____

電話：（H）_____ （O）_____ 傳真：_____

行動電話：_____ E-Mail：_____

◎如果您願意收到本公司最新圖書資訊或電子報，請留下您的E-Mail信箱。

北 區 郵 政 管 理 局
登記證北台字第9125號
免 貼 郵 票

大都會文化事業有限公司

讀 者 服 務 部 收

11051台北市基隆路一段432號4樓之9

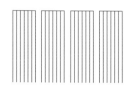